油气藏地质及开发工程国家重点实验室资助出版

空气泡沫驱提高稠油油藏采收率技术研究

李华斌　刘　露　程柯扬　尹玉川　陈　超　王晓燕　刘清栋　著

科学出版社

北　京

内 容 简 介

　　稠油具有黏度高、密度高、含轻质馏分少、胶质与沥青含量高等特点，因此在开发方面要求具有更高表观黏度的驱油体系以达到提高采收率的目的。空气泡沫驱油技术结合了空气驱油与泡沫驱油两者的优点，可解决稠油油藏长期以来驱油效果差、经济价值低的问题。本书内容包括空气泡沫驱稠油的微观驱油机理、稠油泡沫驱体系筛选及评价、驱油效果预测及评价以及空气泡沫驱安全性技术评价，分别从机理、技术手段和现场实施性做了全方位的研究。

　　本书适合油气勘探、能源化工等领域的科研人员、工程技术人员阅读，也可作为相关专业高等院校师生的教学参考书。

图书在版编目(CIP)数据

空气泡沫驱提高稠油油藏采收率技术研究 / 李华斌等著. —北京：科学出版社，2014.9
ISBN 978-7-03-041884-5

Ⅰ.①空… Ⅱ.①李… Ⅲ.①泡沫驱油–高黏度油气田–采油率（油气开采）–研究 Ⅳ.①TE357.46

中国版本图书馆 CIP 数据核字（2014）第 206194 号

责任编辑：韩卫军 / 责任校对：王　翔
封面设计：墨创文化 / 责任印制：余少力

科 学 出 版 社 出版
北京东黄城根北街16 号
邮政编码：100717
http://www.sciencep.com

成都创新包装印刷厂印刷
科学出版社发行　各地新华书店经销
*

2014 年 9 月第 一 版　　开本：787×1092 1/16
2014 年 9 月第一次印刷　　印张：11 1/4
字数：260 千字
定价：73.00 元

前　言

稠油是指地层条件下黏度大于 50 mPa·S，或在油层温度下脱气原油黏度为 1000~10000 mPa·S 的高黏度重质原油。稠油具有黏度高、密度高、含轻质馏分少、胶质与沥青含量高等特点。因此在开发方面，要求具有更高表观黏度的驱油体系，以达到提高采收率的目的。目前聚合物驱在稠油上较多使用，但因其驱油体系的表观黏度大幅度下降以及体系稳定性差，驱油效果差。而蒸气吞吐因油层驱油能量降低快，随着周期数的增加效果会越来越差；蒸气驱要求井距比常规井距小，一般只能为 100~150 m，经济效益差。所以有必要研究新的技术手段，以便提高稠油的采收率。

目前，针对稠油黏度高、密度大、流动阻力大的特点，利用高黏度泡沫体系驱油来提高波及体积并增加洗油效率的方法已开始使用。因为泡沫体系不仅可以在低浓度条件下理想发泡，且体系还是有"高视黏度"、"遇油消泡"以及"堵高不堵低"等特性。此外，由于产生泡沫的起泡剂为表面活性剂，具有降低油水界面张力的作用，能提高原油的波及效率。现在国内外泡沫驱油所用气体主要为 N_2、CO_2、天然气以及烟道气。但因为气源困难或分离成本高，导致泡沫驱不能大规模推广应用。而使用空气作为泡沫驱的气源克服了我国 CO_2 以及烃类气源不足的问题，同时由于空气价格的低廉而大大降低了空气泡沫驱的成本。空气泡沫驱油技术结合了空气驱油与泡沫驱油两者的优点，空气驱油技术通过对地层原油的低温氧化，能降低原油的黏度；而泡沫体系独有的渗流特征和理想的驱油效果能提高注入流体的黏度。空气泡沫驱油技术受到越来越多石油工作者的重视，是一种高效并且很有应用前景的提高原油采收率的方法。

在国内，胜利油田在 20 世纪 70 年代实施了空气泡沫驱矿场试验。广西百色油田较早就开展了泡沫驱项目，2001 年又进行空气泡沫驱矿场试验。结果表明，空气泡沫驱可以大幅度地提高原油采收率且降低成本。2007 年 5 月，中原油田在胡 12-152 井组开展空气/空气泡沫调驱试验。三个月内，该油田含水率由 97% 下降至 92%，累计产油达 800 t，且生产井未见 O_2 突破，没有发生安全事故。长庆油田在长庆马岭油田对 2 个井组开展空气泡沫调驱试验，实施后含水上升趋势得到控制，增产原油 118 t，且在生产井套管内未检测到 O_2，O_2 已经在油层中发生氧化反应而被完全消耗。

闫凤平等（2008）针对甘谷驿油田唐 80 井区为低产、特低渗、低饱和轻质油藏的特点，在丛 54 和丛 55 两个井组开展空气泡沫驱提高采收率矿场试验。实施半年后，丛 54 和丛 55 井组含水降低，增产效果明显。

任韶然等（2009）在中原油田胡 12 区块开展空气泡沫驱矿场先导性试验。该区块为中低渗油藏，且非均质性严重。通过对比分析原油与空气的静态和动态氧化实验，发现该区块的低温氧化性能较好。通过室内实验发现，空气泡沫驱能应用于非均质严重的油藏。

针对马岭油田属于低渗透油藏且已进入开发后期的特点，张力等(2009)在马岭油田木 A 和木 B 井组开展空气泡沫驱先导试验。该试验采用泡沫辅助气驱和发泡液驱。施工后，木 A 井组综合含水降低，含水率下降，木 B 井组口产油量增加，综合含水也降低。两个井组累计增油 440 t，在低渗油藏中空气泡沫驱的增产效果明显。

从已开展的理论研究及矿场实验可知，目前已进行的空气泡沫驱技术也仅仅限于解决低渗、低黏和普通温度油藏问题，对于高黏度(≥100 mP·S)油田且油层温度高(≥75℃)、矿化度高的油藏(≥10000 mg/L)，空气泡沫驱的研究鲜见报道。但随着开采的进行，普通油藏开采到一定程度后只能转向高温、高黏、高矿等油藏条件苛刻的特殊油藏。因此，本书依托鲁克沁稠油油藏中区地质条件(地层温度 80℃，地层水矿化度100252~174925 mg/L)，借助室内试验及数值模拟软件 CMG 研究空气泡沫驱在此油藏中的适用性、驱油效果及实施方案。为此，特别注重研究温度、原油黏度和矿化度对起泡剂起泡性能、驱油性能以及封堵性能的影响。通过岩心驱替试验研究起泡剂浓度、气液比、渗透率及其级差和含油饱和度对空气泡沫驱油效果的影响，选出适合高温、高盐、高黏油藏条件的空气泡沫驱油体系。依托数值模拟技术从段塞大小、前置段塞、气液比、交替周期及注采速度等方面合理设计开发方案并预测开发效果，为下一步进行矿场实验提供有力的理论支持。

目　　录

第1章　空气泡沫驱驱油机理

稀油泡沫驱油机理在部分著作中已有详细研究，而稠油泡沫驱微观驱油机理的相关研究却较少。因为稠油物性大大异于稀油物性，为此其泡沫驱油机理与普通泡沫驱油机理存在较大差异。本章以鲁克沁中区稠油作为实验主体，利用微观仿真模型重点研究稠油的泡沫微观驱油机理，并研究稠油和稀油在多孔介质中泡沫微观驱油机理的异同点。

1.1　空气泡沫驱微观驱油机理

1.1.1　实验材料及仪器

实验主要是通过图像采集系统将驱油过程的图像转化为计算机的数字信号，采用图像分析技术研究泡沫的形成过程、泡沫的破灭过程、泡沫的运移特征及泡沫驱的微观驱油特性。化学试剂为 XHY-4(成都华阳兴华化工厂产)起泡剂，泡沫体系所用气体为空气，实验所用原油为鲁克沁中区地层原油，在油藏温度 80℃条件下原油黏度 268 mPa·s，实验用水模拟鲁克沁油藏地层水，矿化度 160599 mg/L。

微观驱油实验所用仪器如表 1-1 和图 1-1～图 1-5 所示。

表 1-1　微观驱油实验仪器

仪器名称	数量	生产厂家
微观仿真模型	1 台	自制
恒流泵	1 台	东台市燕山仪表厂
泡沫发生器	1 个	江苏海安
压力表	若干	上海自动化仪器厂
恒温箱	1 台	江苏海安华达石油仪器厂
50 mL 中间容器	1 个	江苏海安
电子摄像机	1 台	深圳德与辅科技有限公司
计算机	1 台	联想公司
电子天平	1 台	上海力能电子仪器公司
烧杯、量筒	若干	四川蜀牛玻璃仪器厂

微观仿真模型：模型为自主设计并制作，尺寸 80 mm×21 mm×3 mm，夹持器尺寸 18 cm×10 cm×3 cm。中间设有窗口可用于电子摄像机观察，两边各有进出口管线连接，模型最大承压 3 MPa。如图 1-1 所示。

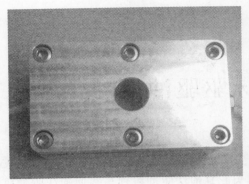

图 1-1　可视化微观仿真模型

　　玻璃球珠微观模型：玻璃球珠直径 0.3 mm。该模型能重复利用，模拟程度高且可视化性好，能够清楚地观察到多孔介质内气泡产生、破灭、运移以及驱油全过程。微观模型中的玻璃微珠排列方式如图 1-2 所示。模型中玻璃微珠排列为菱形排列，这种排列为球体中最紧密的排列方式，其截面图如图 1-3 所示。经过计算，此种排列的孔隙度为 25.96%。

图 1-2　模型中玻璃微珠的排列　　　　　　　　图 1-3　球粒菱形排列截面图

图 1-4　泡沫发生器　　　　　　　　　　　图 1-5　摄像机探头

泡沫发生器：如图 1-4 所示。

电子摄像机：放大倍数为 1～500 倍，像素为 5 MP，分辨率为 2592×1944，摄像机探头如图 1-5 所示。

恒流泵：流量控制为 1～500 mL/h。

恒温箱：温度控制为 20～100℃，实验温度为 90℃。

1.1.2　空气泡沫驱微观驱油过程分析

实验采用气液注并经过泡沫发生器形成泡沫的方式，利用微量注入泵控制起泡剂注入速度，用气体流量计控制气体注入速度。电子摄像机采集泡沫驱微观驱油过程，实验的流程如图 1-6 所示。

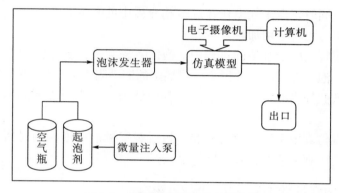

图 1-6　微观驱油实验流程示意图

泡沫微观驱油过程显示泡沫流体是一种力学过程复杂的多相流体，有着一系列的物理及化学变化，且还有气-固、气-液、液-液的界面作用。泡沫在油层内沿流动方向有三个渗流带，如图 1-7 所示。

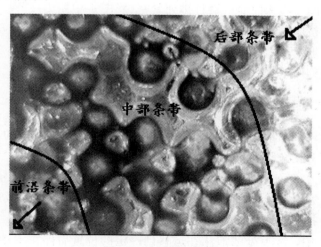

图 1-7　泡沫驱油过程

从图 1-7 中可以看出，前沿条带中只有少量的泡沫，且泡沫膜薄而不稳定。这是因为前沿条带油相占主要地位，使得泡沫体系中的表面活性剂离开气水界面吸附于油相上，以致泡沫膜不稳定，所以此区域渗流大部分是 O/W 或 W/O 型乳状液渗流。

在中部条带，因存在一定量的油相，在表面活性剂乳化的作用下易产生 O/W 型乳状液渗流。同时，由于此条带中的含油饱和度小于前沿条带，吸附于油相上的表面活性剂减少，浓度较高的表面活性剂使得产生的泡沫变得稳定，因此在此条带的渗流为乳状液和泡沫渗流共存。

在后部条带，空间中的原油已经大部分被驱替出来，含有大量的空气和泡沫液，此条带的渗流大部分为泡沫渗流。

1.1.3　空气泡沫微观封堵实验

泡沫体系中的液体流动阻力除了存在黏滞阻力外，还有因体系中气相与液相碰撞时产生的附加阻力。同时，由于气泡在穿过多孔介质中的孔喉时会发生扭曲变形，贾敏效应所形成的附加阻力也将会增加。

在泡沫体系驱替水驱残余油的过程中，泡沫首先会进入流动阻力较小的大喉道，在驱替压力作用下，泡沫在大喉道处聚集。当泡沫的流动阻力大于后续驱替液驱替压力时，聚集的泡沫会堵塞此处大喉道，使得后续驱替液流向流动阻力更大的小喉道，扩大驱替液的波及体积。

本节利用微观仿真模型进行驱替实验，通过观察稠油中泡沫的封堵大喉道现象，研究泡沫在稠油中的微观封堵过程及封堵效果。

1. 空气泡沫微观封堵过程

通过分析稠油空气泡沫驱微观驱油实验图像，发现泡沫的微观封堵过程如彩图 1 所示。

首先，泡沫在大喉道中不断聚集，随着泡沫量逐渐增加(彩图 1 中图 A)，泡沫会占据喉道的大部分空间，泡沫面面接触且排列紧密(彩图 1 中图 B)。在原油及驱替压力作用下，泡沫不断被挤压，泡沫液膜变薄(彩图 1 中图 C)，最后聚并成更大的气泡。此气泡被拉伸变形，增加了贾敏效应所产生的附加阻力，再加上本身的黏滞力，起到有效封堵高渗透大喉道的作用(彩图 1 中图 D)。

2. 空气泡沫微观封堵效果

泡沫堵塞喉道现象是泡沫驱油的重要机理，能显著提高驱替液的波及体积。彩图 2 及彩图 3 为泡沫在多孔介质内的封堵效果图。

彩图 2 的图 A 中，泡沫在喉道 a 处聚集，由于贾敏效应，堵塞大孔隙喉道，导致后续泡沫液的流动阻力增加，驱替压力作用下，气泡转而流向未被波及的小喉道 b，如彩图 2 中图 B 所示，提高了驱替液的波及体积。

彩图 3 的图 A 中，喉道处的泡沫在运移到一定的位置后停止不动，引起流度下降，从而大幅度地降低泡沫的渗透率，对液相渗透率则影响不大，油滴或水溶液绕过气泡沿着压降方向运移，如彩图 3 中图 B 所示。泡沫的选择性堵塞是由于泡沫具有较高的视黏度，较高的黏滞力使得气泡梗在喉道处，降低气相渗透率，控制"气窜"。

实验结果表明，空气泡沫能很好地封堵多孔介质中的高渗透大孔道，使得更多的驱替液流向流动阻力更大的小喉道，扩大驱替液的波及体积。同时泡沫的高黏度控制流度比能降低气相渗透率以提高驱油效果。

1.2　空气泡沫驱宏观封堵实验

为了验证空气泡沫驱微观驱油实验中观察到的泡沫封堵高渗透大喉道的现象，本节利用填砂管模型进行空气泡沫驱驱替实验。通过测量填砂管模型两端的压差，即阻力系数的变化来测定泡沫的宏观封堵能力。

图 1-8 所示为单管岩心驱替实验流程图。微观驱油实验发现泡沫具有"堵高不堵低"的特点，在表 1-2 所示的条件下，选取 4 根渗透率分别为 256×10^{-3} μm^2、463×10^{-3} μm^2、687×10^{-3} μm^2 和 852×10^{-3} μm^2 的填砂管进行空气泡沫封堵实验。实验结果如图 1-9 所示。

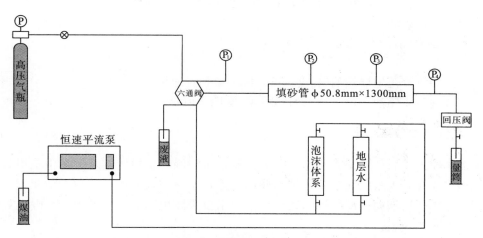

图 1-8　驱替实验流程图

表 1-2　空气泡沫驱实验条件

序号	渗透率/10^{-3} μm^2	发泡剂	温度/℃	压力/MPa	注入方式	气液比
1	256	XHY-4	78	10	交替注入	1.2∶1
2	463	XHY-4	78	10	交替注入	1.2∶1
3	687	XHY-4	78	10	交替注入	1.2∶1
4	852	XHY-4	78	10	交替注入	1.2∶1

由图 1-9 可以看出，提高实验岩心的渗透率，阻力系数也随着变大，封堵效果更好。实验结果显示，泡沫在多孔介质中运移会选择性地封堵高渗透大孔道，这验证了泡沫在微观驱油实验中观察到的"堵大不堵小"现象。

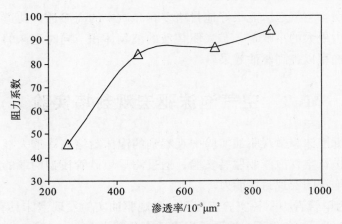

图 1-9　阻力系数随渗透率变化曲线

1.3　稠油空气泡沫驱驱油机理

1.3.1　空气泡沫驱驱油效果对比

实验选用鲁克沁地层稠油（黏度 286 mPa·s）和普通稀油（黏度 40 mPa·s）分别进行水驱和空气泡沫驱驱油实验。结果如彩图 4～彩图 7 所示。

1. 稠油驱油效果对比

稠油水驱实验后如彩图 4 所示，由于孔隙表面润湿的非均质性及稠油中重组分的影响，模型中还存在大量的残余油未被水驱出孔隙，水驱波及效率低，驱油效果差。实验还发现，在水驱后期向模型中持续注水，模型出口未发现油渍，注入水在大喉道处形成水窜，影响水驱效果。

注空气泡沫液结束后的驱替效果如彩图 5 所示，孔隙介质大部分被泡沫所填充，说明空气泡沫驱扩大了驱替液的波及体积，介质中的原油大部分被驱替出孔隙喉道，表明空气泡沫驱具有良好的驱油效果。同时，在彩图 5 中还发现泡沫能封堵大喉道、剥离油膜并乳化原油。

2. 稀油水驱和泡沫驱后驱油效果对比

稀油水驱后效果如彩图 6 所示。由于稀油中重质组分少、原油黏度低，因此水驱能将孔隙中大部分的原油驱出，但在喉道壁上及细小孔隙中还存在部分呈束缚状态的原油。

饱和稀油模型中空气泡沫驱结束后的效果如彩图 7 所示。同理，实验结果表明空气泡沫能提高驱替液的波及体积，可以驱出水驱后未被驱出孔隙的残余油，提高了原油采收率。

3. 泡沫驱波及程度对比

利用方格纸法计算彩图 4、彩图 5、彩图 6 及彩图 7 中驱替液波及面积的百分比，通过对比稠油及稀油泡沫驱较水驱提高的幅度，研究空气泡沫驱应用于稠油油藏的优势。

通过计算得出，彩图 4 中稠油模型水驱后的波及面积百分比约为 8.8％，彩图 5 中稠油模型泡沫驱后的波及面积百分比约为 96.6％，彩图 6 中稀油模型水驱后的波及面积百分比约为 69.8％，彩图 7 中稀油模型泡沫驱后的波及面积百分比约为 97.3％。因此，得出稠油泡沫驱波及面积提高的幅度为 87.8％，而稀油提高的幅度为 27.5％，泡沫驱应用于稠油油藏较稀油油藏提高采收率的幅度更大，波及面积更广，空气泡沫驱更适合于稠油油藏。

1.3.2　稠油空气泡沫驱微观驱油机理

通过研究空气泡沫驱的微观驱油过程，同时对比分析稠油水驱和空气泡沫驱的驱油效果，结合空气泡沫驱在微观和宏观上的封堵实验结果，可以得出空气泡沫驱的微观驱油机理有五种：空气泡沫的乳化和分离作用、泡沫剥离油膜和挤压携带作用、泡沫的搅动作用、泡沫"堵大不堵小"、泡沫的高黏度控制流度比。

1. 乳化和分离作用

由于泡沫体系中起泡剂的乳化作用，多孔介质的喉道内及孔壁上的残余油会被乳化，原油变得相对较易被驱出。

（1）泡沫乳化特性

在注空气泡沫初期，由于泡沫体系中表面活性剂的乳化作用，孔隙喉道中未被水驱驱出的稠油被表面活性剂乳化，形成大量的水包油（O/W）型乳状液。如彩图 8 中图 A 与图 B 所示，原油均不同程度地被表面活性剂乳化成水包油型乳状液。

（2）泡沫的分离特性

由于表面活性剂能降低油水界面张力，使得残留在孔壁上及细小孔隙中的残余油软化，如彩图 9 中的图 A 所示。软化的乳化液分离了呈束缚状态的原油，使得原油较易被驱出孔隙。

2. 剥离油膜和挤压携带作用

（1）剥离油膜

如彩图 10 中图 A 所示，在表面活性剂降低油水界面张力的作用下，大量残留在喉道壁上的油段被泡沫剥离成呈分散的细粉状或丝状，变得相对较易流动。如彩图 10 中图 B 所示，残余油块的边缘缩小，被剥离的原油随水流动，被驱出孔隙。

（2）挤压携带作用

当泡沫能克服原油与孔壁之间的黏附力，则可以将油滴整体驱动。从彩图 11 中可看出，多个大气泡占据着孔隙喉道的大部分空间，在后续驱替压力作用下，分散的大气泡像一段柱塞挤压孔隙中的残余油，并将油滴携带出孔隙，但此种现象在喉道中较少发生，特别是原油黏度较高时。

3. 搅动作用

泡沫在多孔介质中渗流，由于原油及驱替压力挤压的影响，会循环往复地发生聚并、破裂现象。这种过程会局部地改变多孔介质中孔隙和喉道的压力，加剧孔喉中泡沫的运动，甚至使得泡沫短时间出现反向流动及局部"回流"现象。这种扰动会促使泡沫的乳化及剪切作用发生得更频繁，有利于泡沫驱油过程，如彩图12所示。

4. "堵大不堵小"

泡沫流体在多孔介质中渗流，层间摩擦力使液体进入液膜边界与喉道壁之间的滑动层，泡沫将产生扭曲变形；同时，由于孔隙的不规则性造成气泡两端曲率不同，于是产生了迭加的气液界面阻力效应——贾敏效应。因此，聚集的大气泡会梗在不规则喉道处，堵塞高渗透大喉道，形成了泡沫的"堵大不堵小"现象。

如彩图13中图A所示，泡沫在流动阻力较小的高渗透大喉道a处聚集，气泡被拉伸，形状变得不规则，产生贾敏效应，堵塞了孔隙喉道，导致后续的泡沫液的流动阻力增加。在驱替压力的作用下，气泡转而流向未被波及的小喉道b，驱替小喉道b处的原油，扩大了驱替液的波及体积，如彩图13中的图B所示，造成泡沫"堵大不堵小"。

在饱和稠油的微观模型中，泡沫的"堵大不堵小"现象会频繁发生，小气泡聚并成大气泡阻塞大喉道。

5. 高黏度控制流度比

泡沫在地层多孔介质内渗流，由于孔隙喉道的非均质性导致气泡在穿过孔隙喉道时界面会发生变形，引起黏滞阻力增加，泡沫的视黏度增加。

泡沫具有较高视黏度的特性使得气泡在运移到某一位置后会停留在此处，引起流度下降，从而大幅度地降低气相（泡沫）的渗透率，对液相（油水混合物）渗透率则影响不大。如彩图14所示，在驱替压力不变的情况下，大气泡梗在喉道处，而后续的油滴及水溶液沿着液膜边缘绕过泡沫的阻挡，不断向前运移。

1.3.3　稀油空气泡沫驱微观驱油机理

通过分析模型注入空气泡沫液后的实验图像，实验结果表明：稀油中同样有乳化（彩图15）、贾敏效应（彩图16）及泡沫的高黏度控制流度比现象（彩图17）。

实验发现，当注入泡沫液后，在驱替压力作用下，泡沫体系内的小气泡大量地挤入原油中，如彩图18所示。由于原油黏度较小，小气泡在表面活性剂降低油水界面张力的作用下更易分离原油，这种现象在饱和稠油模型中较少发生。

小气泡挤入原油能把孔隙内未被水驱驱出的原油及残留在孔壁上的油段切割成更小的油滴，沿着压降方向更易被排出孔隙，如彩图18所示。在饱和稀油的模型中，气泡的挤入切割并分离原油的作用是与稀油泡沫驱和稠油泡沫驱不相同的驱油机理。

1.4　结　　论

空气泡沫流体沿流动方向有前沿、中部及后部三个渗流条带，三个渗流条带的渗流方式各不相同，前沿条带为 O/W 或 W/O 型乳状液渗流，中部条带共存着乳状液及泡沫渗流，后部条带主要为泡沫渗流。

实验发现泡沫在微观上具有良好的封堵效果，能选择性地封堵高渗透大喉道，提高了驱替液的波及体积。宏观的填砂模型驱替实验发现阻力系数随着岩心渗透率的提高而增大，显示泡沫对高渗透大喉道有较理想的封堵效果。

由于原油的黏度不同，在稠油和稀油中的泡沫驱微观驱油机理也不相同。稠油泡沫驱油微观机理有乳化分离、剥离油膜、搅动、堵塞大喉道及高黏度控制流度比。相比稀油原油黏度小，小气泡易挤入原油产生挤入、切割原油现象，稠油泡沫驱微观驱油机理不相同；并且空气的氧化还原作用和泡沫剂降低界面张力作用都能有效地降低原油黏度。

第2章 原油低温氧化特征及安全性分析

空气中的氧与原油在地层接触后会发生两种反应，一种是低温氧化（low temperature oxidation，LTO）反应，另外一种是高温氧化（high temperture oxidation，HTO）反应。低温氧化发生在300℃以下，高温氧化一般发生在300℃以上。目前的高温油藏油层温度大多为90℃左右，原油发生低温氧化反应。由于各个油田的地层温度、压力条件和原油组成不同，因此原油与空气的氧化速率、耗氧率及反应后原油组分变化也不相同。

同时原油的氧化特征影响着空气泡沫驱油效果及安全性，而压力、温度是影响氧化反应的最主要因素。为了研究稠油的氧化能力及空气泡沫驱的安全性，本章依靠吐哈油田鲁克沁区块的油藏条件进行了静态氧化实验研究，确定原油在油藏条件下的氧化速率及耗氧率，并计算最终的氧气含量，以此判定空气泡沫驱是否安全可行。

2.1 氧化机理及低温氧化影响因素

2.1.1 氧化机理分析

原油与空气发生氧化反应的过程可以通过以下化学反应方程式来描述：

完全燃烧

$$R—CH_2—R' + \frac{3}{2}O_2 \longrightarrow RR' + CO_2 + H_2O \tag{2-1}$$

不完全燃烧

$$R—CH_2—R' + O_2 \longrightarrow RR' + CO + H_2O \tag{2-2}$$

氧化成羧酸

$$RCH_3 + \frac{3}{2}O_2 \longrightarrow RCOOH + H_2O \tag{2-3}$$

氧化成醛

$$RCH_3 + O_2 \longrightarrow RCOH + H_2O \tag{2-4}$$

氧化成酮

$$R—CH_2—R' + O_2 \longrightarrow R—CO—R' + H_2O \tag{2-5}$$

氧化成乙醇

$$RCR'R'' + \frac{1}{2}O_2 \longrightarrow RCR'R''OH \tag{2-6}$$

氧化成过氧化物

$$RCR'R'' + O_2 \longrightarrow RCOOHR'R'' \tag{2-7}$$

反应式(2-1)和(2-2)为裂解反应，只发生在高温条件下。反应(2-1)在氧气的作用下分解原油中的烃分子，生成了 CO_2 和水。反应式(2-3)～式(2-7)属于加氧反应。加氧反应发生在低温条件下，反应中的氧原子与原油中的烃分子相互连接，生成醇、酮、醛、羧酸、过氧化物和水等产物，几乎不生成 CO_2 和 CO。加氧反应的生成物并不是很稳定，这些产物在 O_2 充足的条件下可以再一次被氧化成 CO 和 CO_2。因此，原油的氧化过程是非常复杂的，不能用简单的反应产物和单一反应途径来描述。图 2-1 描述了原油中碳氢化合物的低温氧化途径。

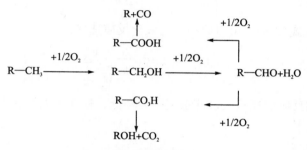

图 2-1　低温氧化反应机理

由图 2-1 可知，首先氧原子和碳氢化合物分子发生加氧反应，生成羧酸、醇、酮、醛和过氧化物等中间产物，中间产物继续氧化成大量碳的氧化物和水。

2.1.2　原油低温氧化影响因素

影响 O_2 与原油发生低温氧化反应因素很多，除了原油本身性质的因素外，各种外在条件能也影响原油氧化反应，例如温度、压力等。通常在压力较小时，原油与空气氧化速率受压力影响较小。在压力比较高的情况下，对氧化的影响又比较大，氧化速率会有所增加。此外有研究表明，在压力较大的情况下，氧气的分压和反应系统总的压力会影响原油低温氧化速率。温度对原油氧化反应影响比较大，温度越高反应速率越大。

2.2　反应速率计算方法

原油的静态氧化反应速率是指单位体积原油在单位时间内消耗氧气的量，单位为 $molO_2/hr\text{-}ml[oil]$，具体表达如式(2-8)所示：

$$\upsilon_{O_2} = -\frac{dn_{O_2}}{V_{oil}dt} \tag{2-8}$$

在国内外研究中，计算原油静态氧化反应速率的方法主要是压力降法。

$$C_x H_{2x+2} + \left(x + \frac{x+1}{2}\right)O_2 = xCO_2 + (x+1)H_2O \qquad\qquad \Delta n$$

$$x + \frac{x+1}{2} \qquad\qquad\qquad\qquad\qquad\qquad\qquad\qquad \frac{x+1}{2}$$

$$n_{O_2} \qquad\qquad\qquad\qquad\qquad\qquad\qquad\qquad\qquad\qquad \Delta n(t)$$

原油经过低温氧化反应，则氧气的消耗为 n，根据质量守恒定律，系统物质的量的减少值 $\Delta n(t)$ 为

$$\Delta n(t) = \frac{\dfrac{x+1}{2}}{x + \dfrac{x+1}{2}} n_{O_2} = \frac{x+1}{3x+1} n_{O_2} \tag{2-9}$$

相应的，使用减少的物质的量 $\Delta n(t)$ 表示氧气参加反应的物质的量：

$$n_{O_2} = \frac{3x+1}{x+1} \Delta n(t) \tag{2-10}$$

将式(2-10)代入式(2-8)，可得原油静态氧化反应速率：

$$v_{O_2} = -\frac{dn_{O_2}}{V_{oil} dt} = -\frac{d\left[\dfrac{3x+1}{x+1}\Delta n(t)\right]}{V_{oil} dt} \tag{2-11}$$

空气中 O_2 与油反应消耗氧气，使系统压力降低。根据压力的变化可以计算出单位体积油的耗氧速率。

根据气体状态方程：

$$PV_g = ZRnT \tag{2-12}$$

进行转化：

$$\Delta P(t)V_g = ZR\Delta n(t)T \tag{2-13}$$

可得

$$\Delta n(t) = \frac{\Delta P(t)V_g}{ZRT} \tag{2-14}$$

对于原油来说，所含组分一般都比较重，烷烃 C_xH_{2x+2} 中 x 相对来说比较大，所以有

$$\frac{3x+1}{x+1} \approx 3 \tag{2-15}$$

将式(2-14)、式(2-15)代入式(2-11)，可得

$$v_{O_2} = -\frac{3V_g}{V_{oil}ZRT} \frac{d[\Delta P(t)]}{dt} \tag{2-16}$$

又有压力降 $\Delta P(t)$ 为

$$\Delta P(t) = P(t)'\Delta t \tag{2-17}$$

将式(2-17)代入式(2-16)：

$$v_{O_2} = -\frac{3V_g}{V_{oil}ZRT} P(t)' \tag{2-18}$$

即氧化反应速率为

$$v_{O_2} = -\frac{3V_g}{V_{oil}ZRT} P(t)' = -\frac{3V_g}{V_{oil}ZRT} \frac{d[P(t)]}{dt} \tag{2-19}$$

式(2-19)为原油静态氧化反应速率，通过低温氧化反应测得高压反应釜中的压力随时间的变化，就可以计算任意时间点处的氧化反应速率，同时也可以计算平均氧化反应速率：

$$v_{O_2 平均} = -\frac{3V_g}{V_{oil}ZRT}\frac{d[P(t)]}{dt} = -\frac{3V_g}{V_{oil}ZRT}\frac{P_后 - P_前}{t} \tag{2-20}$$

式中，v_{O_2}——原油静态氧化反应速率，$molO_2/hr\text{-}mL[oil]$；

　　　V_g——空气体积，m^3；

　　　V_{oil}——原油体积，mL；

　　　n——气体的物质的量，mol；

　　　$P(t)$——压力，MPa；

　　　$P_前$、$P_后$——反应前后的气体压力，MPa；

　　　Z——压缩因子；

　　　R——通用气体常数，$8.314\ J/(mol \cdot K)$；

　　　T——绝对温度，K；

　　　t——反应所用时间，hr。

2.3　混合气体分压计算方法

1801 年道尔顿（Dalton）指出，某一气体在气体混合物中产生的分压等于它单独占有整个容器时所产生的压力，而气体混合物的总压强等于其中各气体分压之和，这就是气体分压定律。即在恒温时，混合气体的总压（$P_总$）等于各组分气体分压（P_i）之和。

$$P_总 = \sum P_i = P_1 + P_2 + P_3 + \cdots + P_i \tag{2-21}$$

同理，混合气体的总体积（$V_总$）等于各组分气体体积（V_i）之和。

$$V_总 = \sum V_i = V_1 + V_2 + V_3 + \cdots + V_i \tag{2-22}$$

根据混合气体的状态方程：

$$P_总 V_总 = n_总 RT \tag{2-23}$$

由（2-21）和式（2-22）分别除以式（2-23）得

$$\frac{P_i}{P_总} = \frac{V_i}{V_总} = \frac{n_i}{n_总} \tag{2-24}$$

式中，n_i——混合气体中 i 组分物质的量，mol；

　　　V_i——混合气体中 i 组分物质的体积，mL。

2.4　压力对氧化反应特征的影响

压力对氧化反应的影响实验在 80℃（油藏温度）以及不同压力条件下进行。所用仪器包括烘箱、气相色谱仪、高温反应釜、高压管线、空气瓶、增压泵、压力表、高压阀门、气体收集袋、便携式测氧仪等，实验用油依然为鲁克沁地层原油。

2.4.1　压力对氧化速率及耗氧率的影响

实验过程压力变化结果如图 2-2、图 2-3 及图 2-4 所示。随着反应的进行，系统压力变小，气体组分发生了变化，说明鲁克沁原油能够发生低温氧化反应。如图 2-2 所示，油气比为 1∶1 时，初始压力为 27 MPa，压力下降了 3.4 MPa；初始压力 20 MPa，压力下降了 1.3 MPa；初始压力 13 MPa，压力下降了 0.9 MPa。说明初始压力越高，压力下降幅度也越大，图 2-3 和图 2-4 也有相同的趋势。

由表 2-1 可知，压力越高，O_2 最终含量越低，CO_2 含量越大。这说明在相同温度下，压力的升高能够加速氧化反应的进行，从而加速空气中 O_2 的消耗。实验初期压力降低相对较多，主要是由于气体溶解在原油当中，造成了压力的下降，与此同时空气当中的 O_2 被消耗，然后随着反应的进行 O_2 浓度逐渐降低，最终保持稳定，压力也不再变化。

表 2-1　不同油气比、压力实验结果

实验	油气比	压力/MPa	温度/℃	反应后 CO_2/%	反应后 O_2/%	反应速率 /10^{-3} $molO_2$/hr-mL[oil]
1	1∶1	13	80	1.6	5.6	0.72
2	1∶1	20	80	1.8	5.0	1.18
3	1∶1	27	80	2.6	2.5	1.59
4	1∶2	13	80	1.4	7.1	0.92
5	1∶2	20	80	2.3	5.4	1.42
6	1∶2	27	80	3.1	2.0	2.05
7	1∶3	13	80	1.9	7.6	0.82
8	1∶3	20	80	2.5	5.9	1.31
9	1∶3	27	80	3.6	2.9	1.84

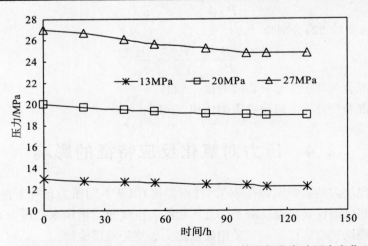

图 2-2　油气比为 1∶1 时压力及时间对原油与空气静态氧化实验压力变化（80℃）

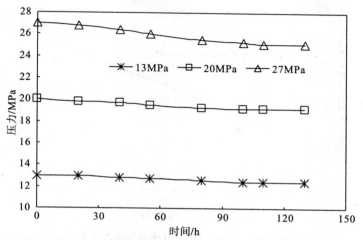

图 2-3　油气比为 1∶2 时压力及时间对原油与空气静态氧化实验压力变化(80℃)

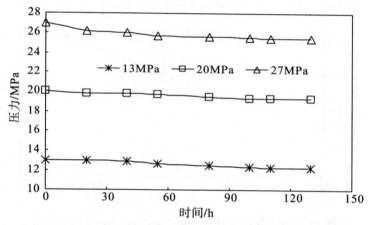

图 2-4　油气比为 1∶3 时压力及时间对原油与空气静态氧化实验压力变化(80℃)

　　根据表 2-1，将不同油气比反应速率与压力的关系曲线绘制于图 2-5、图 2-6、图 2-7，并做出线性方程。

　　由图 2-5、图 2-6 及图 2-7 可知，在温度一定时，压力越高，反应速率越快。这是因为压力增大使分子间的距离减小，反应物浓度增大，活化分子浓度增大，也就为氧化反应提供了更多的氧化剂，氧分子与原油中的活性基团碰撞的几率增加，反应速率也就加快。

　　随着压力的升高，油气比为 1∶1 时氧化速率由 0.72×10^{-3} molO$_2$/hr-mL[oil]增加到 1.59×10^{-3} molO$_2$/hr-mL[oil]，油气比为 1∶2 时氧化速率由 0.92×10^{-3} molO$_2$/hr-mL[oil]增加到 2.05×10^{-3} molO$_2$/hr-mL[oil]，油气比为 1∶3 时氧化速率由 0.82×10^{-3} molO$_2$/hr-mL[oil]增加到 1.84×10^{-3} molO$_2$/hr-mL[oil]。进一步分析图中曲线，油气比为 1∶1、1∶2 和 1∶3 时，三条曲线的斜率分别是 0.0621、0.0807、0.0729。油气比为 1∶2 的斜率最大，说明在这个比例时反应最激烈，油样与 O$_2$ 反应的活性最大。这是因为油气比为1∶1时，油多气少，O$_2$ 的浓度小，提供的氧化剂少；油气比为 1∶3 时，油少气多，参加氧化反应的原油少，因此氧化速率就小。

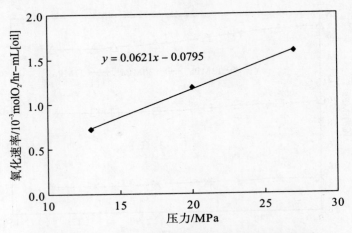

图 2-5　油气比 1∶1 时氧化反应速率与压力关系图（80℃）

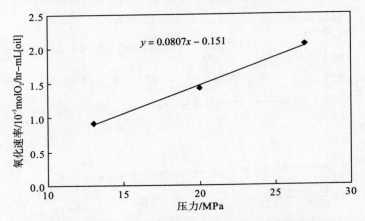

图 2-6　油气比 1∶2 时氧化反应速率与压力关系图（80℃）

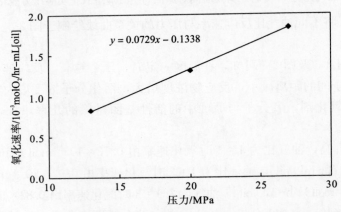

图 2-7　油气比 1∶3 时氧化反应速率与压力关系图（80℃）

　　压力是氧化反应影响因素之一，压力也直接影响着 O_2 的消耗。实验过程中在不同时间段记录 O_2 的含量，并作 O_2 含量随时间变化图。由图 2-8、图 2-9 和图 2-10 可知，在温度 80℃、不同压力和油气比的情况下，O_2 的含量随反应的进行逐渐减少，最终 O_2 含

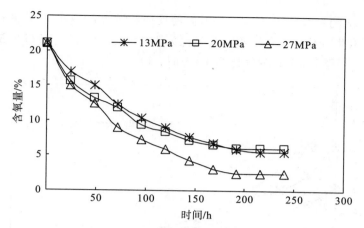

图 2-8　油气比为 1∶1 时压力及反应时间对氧气含量的影响（80℃）

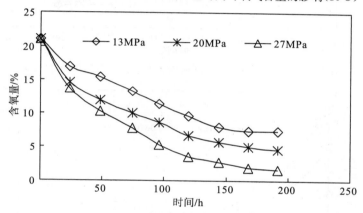

图 2-9　油气比为 1∶2 时压力及反应时间对氧气含量的影响（80℃）

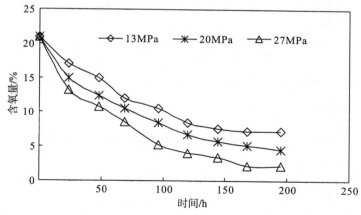

图 2-10　油气比为 1∶3 时压力及反应时间对氧气含量的影响（80℃）

量趋于稳定。反应进行 24～120 h，O_2 减少幅度比较大，而压力越大，O_2 含量减少幅度越明显，说明在这段时间内反应比较剧烈。这主要是因为刚开始反应时，O_2 比较充足，能够提供的氧化剂比较多。随着反应的进行，O_2 的相对含量减少，能参加氧化反应的含量也在相对减少，而惰性气体 N_2 在混合气体中的百分含量增加，在一定程度上影响了氧化反应；另外生成的一些气体(CO_2、CO)促使反应物浓度的减小，O_2 的消耗也在减少，最后 O_2 含量不发生变化。在 27 MPa 油气比为 1∶1 时，O_2 最终降至 2.5%；油气比为 1∶2 时，O_2 最终降至 2.0%；油气比为 1∶3 时，O_2 最终降至 2.9%。

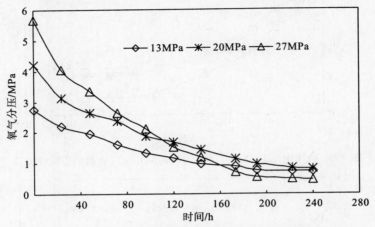

图 2-11　油气比 1∶1 时不同初始压力氧气分压变化图(80℃)

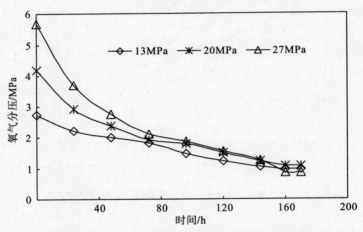

图 2-12　油气比 1∶2 时不同初始压力氧气分压变化图(80℃)

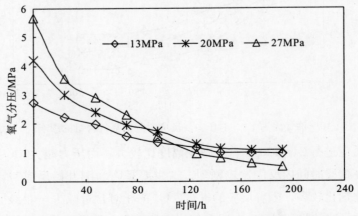

图 2-13　油气比 1∶3 时不同初始压力氧气分压变化图(80℃)

O_2 的消耗将会影响 O_2 在气体中的分压，由图 2-11、图 2-12 及图 2-13 可知，对于不同油气比，反应初始压力越大，O_2 的分压也越大。随着反应的进行，O_2 的分压下降幅度也越大。在油气比 1∶1、初始压力 27 MPa 时，O_2 分压从 5.7 MPa 下降到 0.42 MPa；油气比 1∶2 时，O_2 分压从 5.7 MPa 下降到 0.51 MPa；油气比 1∶3 时，O_2 分压从 5.7 MPa 下降到 0.81 MPa。油气比 1∶2 时，O_2 的分压下降幅度最大，说明 O_2 的消耗最多。

2.4.2　压力对轻烃组分的影响

由表 2-1 和表 2-2 可知，空气与原油反应，压力越高，O_2 含量越低，CO_2 含量越多，反应后 CH_4、C_2H_6、C_3H_8 含量也越多。从图 2-14～图 2-19 的 CO_2 气相色谱图和轻烃色谱图中可知，CH_4、C_2H_6、C_3H_8 的峰面积随着压力的增加而增加。CO_2 含量从 1.4% 增加到 3.1%，CH_4 含量从 0.012% 增加到 0.025%，C_2H_6 含量从 0.022% 增加到 0.035%，C_3H_8 含量从 0.02% 增加到 0.08%。结合表 2-2 以及轻烃色谱图，空气与原油进行反应，O_2 降低，CO_2 含量增加，轻烃微量地增加，但 O_2 降低的幅度比较大，CO_2 和轻烃增加的幅度很小。根据原油氧化机理可知，在反应过程中空气里面的很大一部分 O_2 生成了羧酸、醛、酮、醇、过氧化物和水等产物。经反应之后，原油的里面的饱和烃、芳香烃、胶质、沥清可能发生变化。由图 2-20 可知，压力越高，原油越容易与空气发生反应，生成的轻烃气体也越多。

表 2-2　轻烃组成分析结果

实验	温度/℃	压力/MPa	CO_2/%	CH_4/%	C_2H_6/%	C_3H_8/%	C_4H_{10}/%	C_5H_{12}/%	总含量/%
10	80	13	1.4	0.012	0.022	0.02	0.11	0.042	1.60
11	80	20	2.3	0.017	0.029	0.056	0.14	0.057	2.59
12	80	27	3.1	0.025	0.035	0.08	0.16	0.061	3.32

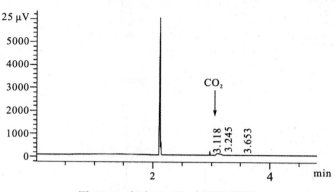

图 2-14　实验 10 CO_2 气相色谱图

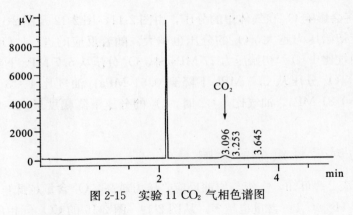

图 2-15　实验 11 CO_2 气相色谱图

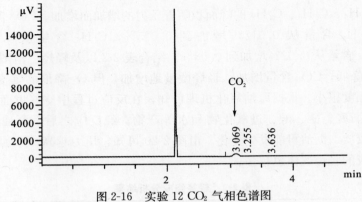

图 2-16　实验 12 CO_2 气相色谱图

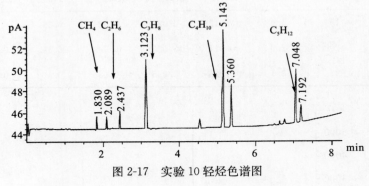

图 2-17　实验 10 轻烃色谱图

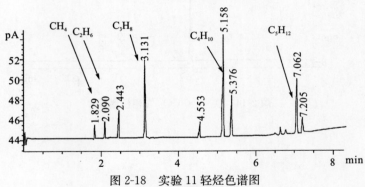

图 2-18　实验 11 轻烃色谱图

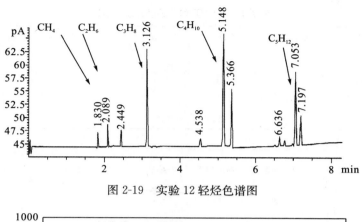

图 2-19 实验 12 轻烃色谱图

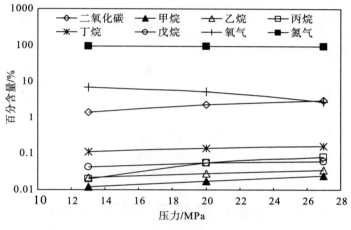

图 2-20 气体各组分随压力变化

2.4.3 压力对原油组分的影响

本节根据油藏条件，对原油在相同温度不同压力条件下进行低温氧化实验，并在实验 10、实验 11、实验 12 反应结束之后进行原油组分分析，结果见表 2-3 和图 2-21。由表 2-3 和图 2-21 可知，压力对反应后原油的性质的改变有着很重要的影响。饱和烃的含量随着反应压力的增加而增加，而且胶质和沥青质随着反应压力的增加而减少，另外原油的黏度在降低；原油在低压反应时芳香烃含量在降低，在高压时含量在增加。这说明在高压时重质组分（胶质、沥青质）参加反应，生成了轻质组分（饱和烃、芳香烃），这也说明在高压时重质组分的反应活性大。实验 4 当中的芳香烃含量在减少，饱和烃明显增加，这说明芳香烃的活性在低压时活性比较大，生成了饱和烃。芳香烃及饱和烃发生碳碳双键断裂之后，有的断裂再进行第二次组和形成更长的饱和烃，因此饱和烃明显增加。而原油黏度跟原油中的胶质和沥青质含量有关，含量越高，黏度越大，通过实验胶质和沥青质的含量基本上都在减少，因此原油黏度也在降低。

表 2-3　不同压力下原油组分变化

油样	压力/MPa	饱和烃/%	芳香烃/%	胶质/%	沥青质%	黏度(80℃)/mPa·s
原始油样	—	31.3	24.1	26.3	18.3	9852
实验 10	13	36.8	21.9	23.3	18.0	9259
实验 11	20	39.1	27.5	16.1	17.3	8493
实验 12	27	41.5	29.2	12.4	16.9	7830

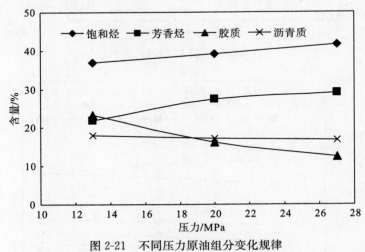

图 2-21　不同压力原油组分变化规律

2.5　温度对氧化反应特征的影响

　　油藏温度对原油氧化程度起着最重要的作用，与压力相比，温度的影响程度更大，因此研究不同温度对氧化反应特征的影响非常重要。

2.5.1　温度对氧化速率及耗氧率的影响

　　温度对原油低温氧化反应有着很大的影响，总共有两种方法研究温度对氧化反应的影响。一种方法是单独进行几组相同初始条件，温度不同时的氧化反应；另一方法是先将温度设为一个特定温度，然后反应到压力基本不再变化时，再将温度升高，当压力不再变化后，再次将温度升高。这两种方法不同之处在于，后者比前者更能充分地氧化，因为在多个温度段进行氧化。然后根据阿雷厄斯方程，计算出低温氧化动力学参数。

表 2-4　各个温度点的实验结果

实验	压力/MPa	温度/℃	反应后 CO_2/%	反应后 O_2/%	反应速率 /molO$_2$/hr-mL[oil]×10^{-3}
13	27	60	1.4	5.8	0.31
14	27	70	2.1	4.3	1.1
15	27	80	3.9	1.8	2.25
16	27	90	4.5	0.5	3.39

　　方法一，在 27 MPa 压力下，分别进行了 60℃、70℃、80℃和 90℃四个温度点的氧化实验，实验结果如表 2-4、图 2-22、图 2-23 和图 2-24 所示。

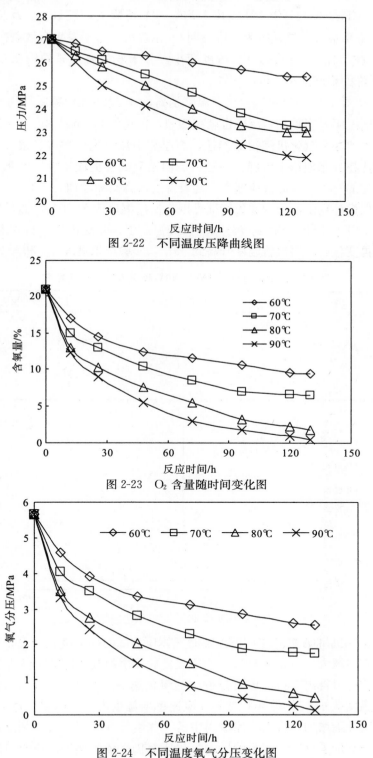

图 2-22　不同温度压降曲线图

图 2-23　O₂ 含量随时间变化图

图 2-24　不同温度氧气分压变化图

由图 2-22、图 2-23 和图 2-24 可知，在 90℃、80℃、70℃和 60℃四个温度下反应时，O_2 最终含量分别为 0.5%、1.8%、6.5%和 9.4%。O_2 分压分别从 5.7 MPa 下降 2.5 MPa、2.7 MPa、0.48 MPa 和 0.13 MPa，90℃下降的幅度最大。反应前 30 h，O_2 含量、O_2 分压下降最快，这是因为反应初期 O_2 浓度大，分子发生有效碰撞的次数就多。30 h 之后，O_2 被消耗了一部份，O_2 浓度变小，分子发生有效碰撞的次数就少，O_2 含量、O_2 分压下降的幅度就小。

从图 2-23 和图 2-24 中还可以看出，温度越高，O_2 最终含量越低，O_2 分压越小，反应速率越高。这说明温度越高，反应也就越激烈，消耗的 O_2 也越多。由于原油成分很复杂，其中的具体组分和氧化机理很难确认，而原油中烃类化合物占了很大的一部分，可以根据烃类化合物液相理论来解释这一原因。温度升高会促使生成自由基，同时也会活化一些很难活化的基团，因此反应速率会随着温度的升高而增加。

方法二，根据鲁克沁油田的地质特征可以将反应温度设为 60℃，然后反应到压力基本不再变化时，再将温度升高到 70℃，同样等压力不再变化后，再次将温度升高到 80℃，压力不再变化后，再次将温度升高到 90℃，实验结果见表 2-5 和图 2-25。

表 2-5　温度在 60℃、70℃、80℃和 90℃下的反应结果

实验	压力/MPa	温度/℃	反应速率 $molO_2/hr$-ml [oil]$\times 10^{-3}$	反应后 CO_2、O_2/%	
17	27	60	0.21		
	26.8	70	0.95	3.0	1.2
	26.9	80	1.63		
	27.5	90	2.45		

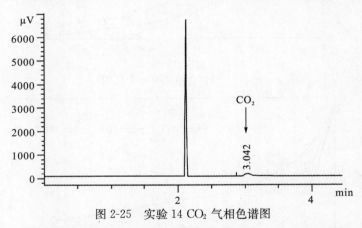

图 2-25　实验 14 CO_2 气相色谱图

由图 2-26 可知原油在四个不同温度点时气体压力随时间的变化情况，压力下降幅度随着温度的升高而增大，并且在 60℃压力不变之后，增加温度后反应仍然进行。

压力降低后可以得出在每个温度条件下的氧化速率，如表 2-5 所示。在这个四个温度点作比较，温度从 60℃升到 70℃时的反应速率增幅度不大，但温度从 80℃升到 90℃时，反应速率明显地增加。这说明原油当中的一些组分在低温没有参加反应，温度升高之后，新的组分参加了反应。四个阶段的氧化速率仍然依次递增，说明温度对氧化反应

影响较大，而且升高温度后原油还具有氧化的潜力。

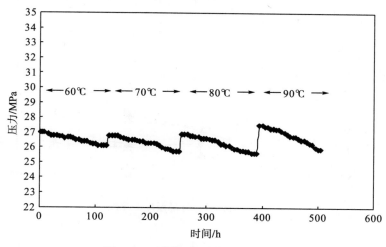

图 2-26　不同温度系统压力变化图

2.5.2　温度对轻烃组分的影响

实验 13、实验 14、实验 15、实验 16 反应结束后，收集气体并作气相色谱分析。由表 2-6 及图 2-27～图 2-31 可知，在同压不同温度条件下，温度越高，O_2 含量越低，产生的 CH_4 等轻烃组分含量越多，从图 2-32～图 2-35 的轻烃色谱图中可知，CH_4、C_2H_6、C_3H_8 的峰面积随着温度的增加而增加。CH_4 含量从 0.01% 增加到 0.05%，C_2H_6 含量从 0.017% 增加到 0.04%，C_3H_8 含量从 0.018% 增加到 0.28%。说明 O_2 消耗的越多，产生一些轻烃组分越多，反应更加剧烈。轻烃的总含量从 2.43% 增加到 5.47%，说明温度越高，原油越容易与空气发生反应，生成的轻烃气体也越多。

这些气体在地层条件下能溶解在原油里。原油的溶解气越多，提供地层的能量也越多，对采收率的提高越有力。结合由表 2-6 和轻烃色谱图可知，O_2 降低，CO_2 含量增加，轻烃微量地增加，但 O_2 降低的幅度比较大，CO_2 和轻烃增加的幅度很小。这就说明，在反应过程中空气里面的很大一部分 O_2 生成了羧酸、醛、酮、醇、过氧化物和水等产物。经反应之后，原油里面的饱和烃、芳香烃、胶质、沥清质可能发生了一些变化。

表 2-6　轻烃组成分析结果

实验	温度/℃	压力/MPa	CO_2/%	CH_4/%	C_2H_6/%	C_3H_8/%	C_4H_{10}/%	C_5H_{12}/%	总量/%
13	60	27	1.4	0.01	0.017	0.018	0.17	0.085	2.43
14	70	27	2.1	0.02	0.04	0.09	0.20	0.12	2.57
15	80	27	3.9	0.04	0.03	0.23	0.31	0.16	4.68
16	90	27	4.5	0.05	0.04	0.28	0.37	0.21	5.47

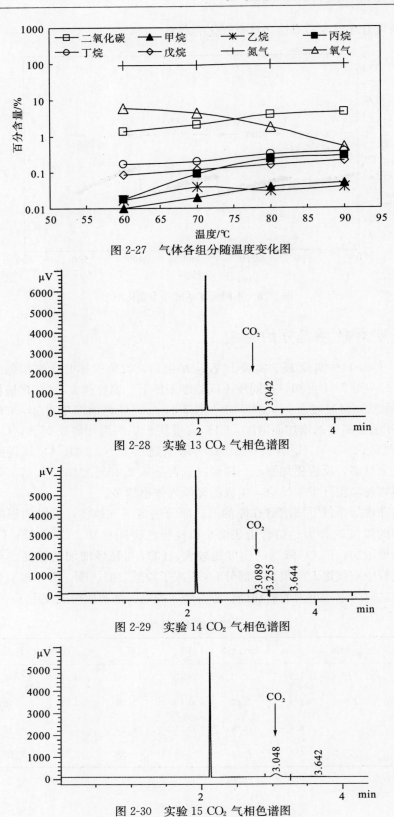

图 2-27　气体各组分随温度变化图

图 2-28　实验 13 CO_2 气相色谱图

图 2-29　实验 14 CO_2 气相色谱图

图 2-30　实验 15 CO_2 气相色谱图

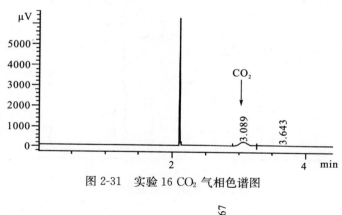

图 2-31　实验 16 CO₂ 气相色谱图

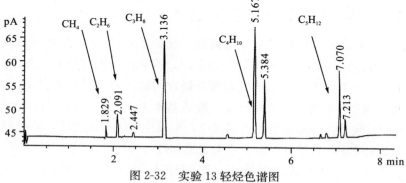

图 2-32　实验 13 轻烃色谱图

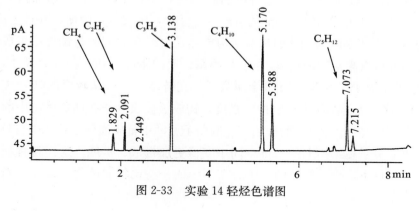

图 2-33　实验 14 轻烃色谱图

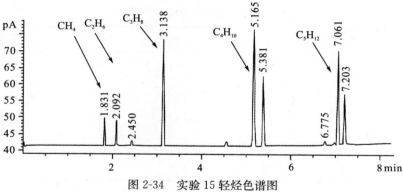

图 2-34　实验 15 轻烃色谱图

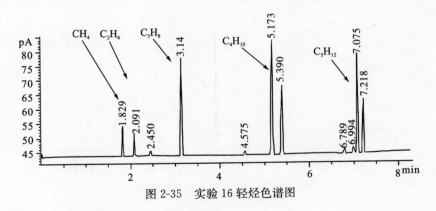

图 2-35　实验 16 轻烃色谱图

2.5.3　温度对原油组分的影响

为了研究温度对原油反应后组分变化情况，分析了实验 13～实验 16 的原油组分变化。由表 2-7 及图 2-36 可知，温度在 70℃以下时，饱和烃和沥青质在增加，芳香烃和胶质在减少；在温度大于 70℃时，饱和烃和芳香烃在增加，而胶质和沥青质在减少；当温度升到 90℃时，饱和烃和芳香烃微量减少，胶质基本上不变，而沥青质增加了。这说明在温度比较低的时候芳香烃和胶质参加了反应，生成饱和烃与沥青质，随着温度的升高，胶质和沥青质参加反应，含量开始减少，生成饱和烃与芳香烃。

由实验结果可知，随着温度的升高，饱和烃从 34.3％增加到 48.1％，芳香烃从 22.3％增加到 26.1％，胶质从 25.4％降低到 9.4％，沥青质从 16.4％增加到 18.0％。在鲁克沁地层条件下氧化反应后，原油的重质组分减少，轻质组分增加，并且生成了 CO_2、CH_4 等气体。这主要是因为稠油的基本结构单元是由缩合的稠环芳烃片层组成，环上以及环与环之间连接有丰富的取代基（主要是甲基、短的脂肪链和一些环烷烃），且分子中含有 N、O、S 杂原子以及 V、Ni 等金属离子。支链结构可以从较短的（C_1—C_4）到长链单元（—C_{40}）。这些支链结构发生卷曲、盘绕，构成了重质分子在油藏体系中的三维空间结构。原油在高温高压以及 O_2 的作用下，减弱了原油中重质油分子骨架中自身的极性之间作用，使重质分子在结构上的三维空间中变得更加松散、扩展，这样就有利于氧化的进行。在油藏条件下，重质组分的分子骨架当中的一些比较弱的化学键发生断裂，生成了更小的分子单元。

表 2-7　不同温度下原油组分变化

油样	温度/℃	饱和烃/%	芳香烃/%	胶质/%	沥青质/%
原始油样	—	31.3	24.1	26.3	18.3
实验 13	60	34.3	22.3	25.4	18.0
实验 14	70	40.7	20.1	23.1	17.1
实验 15	80	41.5	29.2	12.4	16.9
实验 16	90	48.1	26.1	9.4	16.4

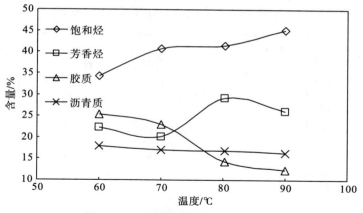

图 2-36　不同温度原油组分变化规律

2.6　原油氧化反应动力学

根据静态实验结果，结合阿雷厄斯(Arrhenius)方程可计算在各个压力条件下低温氧化动力学参数 E 和 k。根据物理化学中反应速率的定义，可知原油氧化反应速率：

$$v = k \left[O_2 \right]^m \left[oil \right]^n \tag{2-25}$$

根据阿雷厄斯(Arrhenius)方程的微分形式：

$$\frac{\mathrm{d}\ln k}{\mathrm{d}T} = \frac{E}{RT^2} \tag{2-26}$$

对式(2-26)积分，可得反应常数 k 为

$$k = k_0 e^{-E/RT} \tag{2-27}$$

再将式(2-27)代入式(2-25)得

$$v = k_0 e^{-E/RT} \left[O_2 \right]^m \left[oil \right]^n \tag{2-28}$$

式中，E——活化能，J/mol；

　　　R——通用常数，J/kmol·K；

　　　T——绝对温度，K；

　　　k_0——指数前因子，又称预幂率指数，L/(s·kPa)；

　　　m，n——反应级数。

为了研究鲁克沁稠油的低温氧化反应动力力参数，设计了两组在 27 MPa 条件下，分别在 80℃和 90℃的氧化反应实验，并在不同时间里测量 O_2 的浓度，再将这两组氧气的浓度对时间作图，如图 2-37 和图 2-38 所示。

由图 2-37 和图 2-38 可知，O_2 的浓度与时间呈线性关系，因此可得出原油氧化为零级反应。则反应级数 m，n 为 0，因此式(2-27)可简化为

$$v = k_0 e^{-E/RT} \tag{2-29}$$

式(2-29)两边取对数，经简化可得

$$\ln v = \ln k_0 - \frac{E}{R} \cdot \frac{1}{T} \tag{2-30}$$

根据式(2-30)，选取 60~90℃四组实验数据，绘制氧化反应相应的线性回归关系曲

线，以确定氧化反应中的活化能和预幂率指数，如图 2-39 所示。

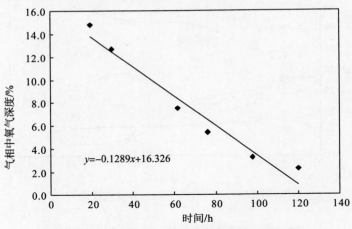

图 2-37　27 MPa、80℃时的反应动力学曲线

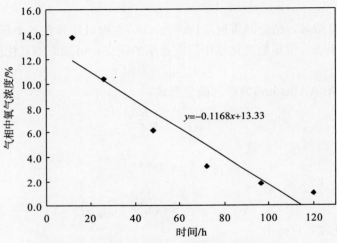

图 2-38　27 MPa、90℃时的反应动力学曲线

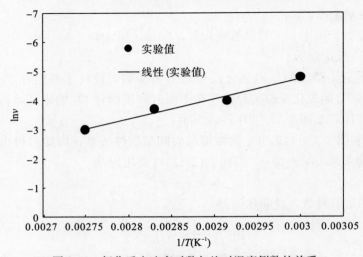

图 2-39　氧化反应速率对数与绝对温度倒数的关系

在鲁克沁油藏条件下反应，根据实验结果可得出线性回归方程 $\ln v = -6822/T + 15.73$，活化能为 56 kJ/mol，预幂率指数为 4.1439×10^{16} L/(s·kPa)，反应常数 k 为 1.8×10^{-3} molO$_2$/hr-mL[oil]。很多专家学者通过实验研究发现，原油氧化反应活化能为 60~95 kJ/mol，鲁克沁原油的活化能为 56 kJ/mol，因此是完全可以发生反应，说明原油能与空气发生反应的特征很明显，并且比一般原油更容易，反应速度更快。

2.7　稠油空气泡沫驱安全性分析

2.7.1　可燃物质的爆炸极限

可燃气体爆炸必须具备三个基本条件：可燃气体、氧气和点火源。可燃物质发生爆炸必须是在它与氧气在一定的范围内，并且遇着有足够能量的火源才能发生爆炸，也就是说它们之间要达到适合的比例。可燃气体的这个浓度范围称为爆炸极限，可燃混合气体物质能够发生爆炸或者燃烧的最低浓度值和最高浓度值分别称为爆炸下限和爆炸上限。浓度在下限以下或上限以上的混合气体是不会着火或爆炸的，这是因为可燃气浓度在下限以下时，体系内含有过量的空气，空气的冷却作用阻止了火焰的传播，此时活化中心的销毁数大于产生数。同样，当浓度在上限以上时，含有过量的可燃性物质，氧气不足，火焰也不能传播，但此时若供给空气，是具有火灾或爆炸危险的。故对上限以上的可燃气-空气混合气不能认为是安全的。影响爆炸极限的主要因素有：①温度。反应温度越高，爆炸的极限范围越大。因为系统温度升高，其分子内能增加，使更多的气体分子处于激发态，原来不燃的混合气体成为可燃、可爆系统，所以温度升高使爆炸危险性增大。②压力。系统压力的增大，爆炸极限的范围越大。③惰性气体。惰性气体在混合体系当中的含量增加，爆炸极限范围小。惰性气体浓度加大，表示氧的浓度相对减小，而在上限中氧的浓度本来已经很小，故惰性气体浓度增加一点即产生很大影响，而使上限明显下降。

1. 可燃气体爆炸极限的理论计算方法

单组分气体在混合物中的爆炸极限计算方法：

$$C_L = \frac{100}{4.76(N-1)+1} \tag{2-31}$$

$$C_U = \frac{400}{4.76N+4} \tag{2-32}$$

式中，C_L——单组分可燃气体爆炸浓度下限，%；

C_U——单组分可燃气体的爆炸浓度上限，%；

N——混合物完全燃烧所需氧原子数。

混合气体爆炸极限是在单组分极限值之间，计算方法如下：

$$C_{\min} = \frac{100}{\dfrac{V_1}{C_1} + \dfrac{V_2}{C_2} + \cdots + \dfrac{V_n}{C_n}} \tag{2-33}$$

式中，C_{min}——多组分可燃性混合物的爆炸极限，%；

V_1，V_2，V_3，$\cdots$，V_n——各组分在混合气体中的体积百分数，%；

C_1，C_2，C_3，$\cdots$，C_n——各组分气体的爆炸极限，%。

天然气爆炸极限是由它的成分所决定的，估算天然气与空气混合气体爆炸极限的方法步骤是，首先用式(2-31)和式(2-32)分别计算出单组分的爆炸上限以及爆炸下限，再由公式(2-33)计算出多组分可燃性气体混合物的爆炸极限。实际天然气单组分爆炸极限如表 2-8 所示。

表 2-8　天然气组分含量及单组分爆炸极限

名　称	爆炸上限/%	爆炸下限/%
N_2	0	0
CO_2	0	0
CH_4	14.3	5.40
C_2H_6	15.1	3.50
C_3H_8	7.75	2.28
C_4H_{10}	4.94	1.72
C_5H_{12}	4.42	1.38
C_6H_{14}	3.65	1.15
C_7H_{16}	3.24	0.99
C_8H_{18}	2.88	0.87
C_9H_{20}	2.62	0.77
$C_{10}H_{22}$	2.40	0.69

2. 爆炸临界氧含量

爆炸临界氧气含量是指在某一浓度的可燃气体遇到火源时，让可燃气体刚好发生爆炸燃烧的氧气含量，即为爆炸的临界点。

可燃性气体与氧气发生完全燃烧时，化学反应式如下：

$$C_nH_mO_\lambda + \left(n + \frac{m-2\lambda}{4}\right)O_2 \Longleftrightarrow nCO_2 + \frac{m}{2}H_2O$$

式中，n——碳原子数；

m——氢原子数；

λ——氧原子数。

在可燃性气体体积分数为爆炸下限 L 时，其理论最低临界氧含量为

$$C(O_2) = L\left(n + \frac{m-2\lambda}{4}\right) = LN \tag{2-34}$$

式中，$C(O_2)$——可燃气体的理论最低临界氧含量，%；

L——可燃气体的爆炸下限也为其体积分数，%；

N——每摩尔可燃气体完全燃烧时所需要的氧分子个数。

在常温常压下，下限浓度的可燃物能够刚好发生燃烧所需要的氧含量就是最低氧含量。而可燃气体在爆炸上限时，其临界氧含量就是混合气中的实际氧含量。最低临界氧含量可由可燃性气体的爆炸下限达到完全燃烧时所需要的氧原子个数来估算，根据式(2-34)可得出天然气各组分最低临界氧含量(表 2-9)。

表 2-9　天然气各组分最低临界氧含量

组 分	单组分爆炸下限/%	临界氧含量/%
N_2	0	0
CO_2	0	0
CH_4	5.4	10.8
C_2H_6	3.5	11.2
C_3H_8	2.28	11.4
C_4H_{10}	1.72	11.18
C_5H_{12}	1.38	11.04
C_6H_{14}	1.15	10.89
C_7H_{16}	0.99	10.89
C_8H_{18}	0.87	10.87
C_9H_{20}	0.77	10.78

2.7.2　混合气体爆炸极限实验

图 2-40 给出了混合气体爆炸极限实验装置。爆炸容器里装满水，选通入甲烷，记录量筒里水的体积 V_1，则甲烷的体积为 V_1，再向容器里能入空气，并保持压力不变，记录量筒里水的体积 V_2，则氧气的体积为 $(V_2-V_1)/5$，点火观察是否发生爆炸，并且算出甲烷和氧气的含量。本次实验是在油藏条件下进行的。

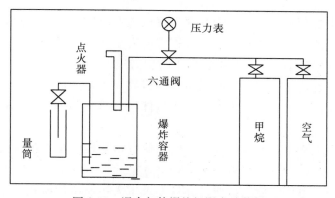

图 2-40　混合气体爆炸极限实验装置

由于产出气、天然气成分比较复杂，而各个油井的气体含量及成分也不一样，但是在开采石油时出来的气体 80% 都是甲烷。由表 2-9 可知，理论上甲烷临界含氧量比其他烃类化合物要小，只要甲烷不发生燃烧，那么混合气体就不会发生爆炸。因此爆炸特性实验选用甲烷代表可燃气体进行实验，实验测得的空气-甲烷爆炸区域和氧气含量的关系如图 2-41 所示。

由图 2-41 可知，在爆炸区域里对于甲烷和 O_2 的任何配比，一旦碰到火源有可能发生爆炸，而在区域外就不会发生爆炸。甲烷爆炸极限为 4.78％～16.9％，氧气的临界点为 10.1％，也就是说氧的含量低于 10.1％，即使碰到火源也不会发生爆炸。而大多数油田 O_2 的临界点都在 10.5％左右，与本次研究所得的结果很近，因此很有实用价值。

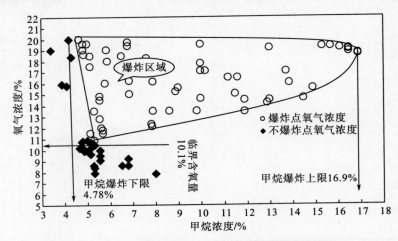

图 2-41　实验测得的甲烷-空气的爆炸极限及爆炸区域

结果表明鲁克沁空气泡沫驱临界含 O_2 量为 10.1％。经过实验可知，原油与空气在温层条件下反应后，O_2 含量仅为 1.8％，远远低于 10.1％，因此空气泡沫驱这一技术在鲁克沁油田的开展是安全的。

2.8　相关安全与控制措施

注空气过程中各个施工环节可能都存在着可燃混合物爆炸的危险，因此必须制定出严格的施工操作规范。目前关于注空气过程中的安全和防腐措施在国内外已有了成熟的技术。在现场试验过程中，应严格执行以下防护措施。

建立注采井动态监测方案，以便及时准确得到注入井井口压力、生产井产液、含水及地下油气水等流体物性、地层压力和产出气体组分等动态资料，防止气窜及可能出现的安全隐患。

注空气后，每天在生产井收集气体用便携氧气检测仪测氧气的含量并且进行气体组分分析，以此了解注入空气后油藏的低温氧化情况。

编写各种设备和电器的使用手册，并且要求工人按照手册所指导的来展开工作。对一些重点设备要 24 小时看护，加强工人的责任、纪律教育，并且要求工作人员对设备有问题做出处理。要对潜在危险的地方定期检查，发现问题以便及时调整。

对空气压缩机要每天清理维护，因为空气压缩机很容易在工作当中形成积炭，这些积炭在高温时很容易发生燃烧。对于空气压缩机和管线内用合成双酯润滑剂进行清理。

空气在注气管中高速流动，产生摩擦并散发热量。为了减少管内的摩擦，注气管应尽量选用直管，减少拐弯处的摩擦。

每天严格监测注入井的温度、注入量、温度，为了防止空气和油气的回流要采用气密封封隔器和回流阀。

为防止由于氧气突破造成生产实施内爆炸，对生产井进行气体在线检测分析。在现场实施后最好采用警报器与氧气的探测器相连，氧气含量大概在 7% 时发出一次警报以便让工作人员做出相应及时反应的。

在对生产井进行监测时，一旦发现生产井出现过早的气窜、氧气的含量超过了安全值，就要立即关井，以防止重大事故的发生。

要经权威部门制定现场安全措施，并且严格执行，另外做出安全应急预案，如果发生事故，也要将损失降低到最低。

总而言之，为了确定空气泡沫驱在鲁克沁油田施工的安全，结合鲁克沁油田的具体情况编写好注空气泡沫现场施工安全实施方案，在施工前要做好与之对应的工作准备，现场施工时要严格按照安全实施方案，必须做到安全第一，防范为主。

2.9　小　　结

鲁克沁原油与空气在油藏条件下氧化反应的能力好。压力、温度越高，空气与原油的反应，生成的气体越多，耗氧率越大，油气比为 1:2 时，鲁克沁原油的反应最激烈。

在对原油参加低温氧化反应前后进行组分分析得知，原油在不同条件下与空气反应后，其组分变化也不相同。鲁克沁原油与空气在油藏条件下反应后，其中重质组分（胶质、沥表质）含量减小，轻质组分（饱和烃、芳香烃）含量增加，原油黏度减小。

反应结束后，收集气体并对其做气相色谱分析，可以看出 O_2 的含量减少，CO_2、CH_4、C_2H_6、C_5H_{12}、C_4H_{10} 及 C_3H_8 的含量在增加。O_2 的含量伴随着压力、温度的增加而减少，轻烃等气体在增加。在油藏条件下经过反应后最终 O_2 的含量减少到 1.8%，CO_2 及轻烃的总量增加到 4.7%。

确立了在油藏条件下的氧化动力学参数，活化能为 56 kJ/mol，预幂率指数为 4.1439×10^{16} L/(s·kPa)；反应常数 k 为 1.8×10^{-3} molO$_2$/hr-mL[oil]，线性回归方程 $\ln v = -6822/T + 15.73$。

甲烷爆炸极限为 4.78%～16.9%，并且确定了鲁克沁稠油油藏安全进行空气泡沫驱的临界含氧量为 10.1%，也就是说只要氧气的含量低于 10.1%，便不会发生爆炸。前一章研究空气与原油发生氧化反应，最终含氧量为 1.8%，远远低于 10.1%，因此对鲁克沁稠油油藏进行空气泡沫驱是安全可行。

第3章　空气泡沫体系筛选与评价

泡沫是气体不溶或微溶于液体中所形成的分散体系，是一种热力学上的不稳定多相分散体系。其中，液体是连续相，气体是非连续相。大量被液膜包裹的气体所形成的气泡逐渐聚集即形成泡沫。一般而言，表征泡沫的主要参数有：

(1)发泡体积

发泡体积即一定温度、压力下，一定体积的液体经搅动或气流冲击所形成的泡沫柱高度或泡沫体积。

(2)泡沫半衰期

泡沫半衰期 $t_{1/2}$ 即泡沫液起泡后泡沫消去原始泡沫柱高度的一半所需的时间。它受泡沫后期的消泡速率影响较大，反映了泡沫的稳定性。

(3)析液半衰期

析液半衰期 $t'_{1/2}$ 即泡沫液起泡后析出原始泡沫液体积一半所用的时间。它受泡沫初期的排液速度影响较大，反映泡沫的稳定性。

(4)消泡时间

泡沫的消泡时间是指实验过程中，泡沫起泡至泡沫完全破灭所需要的时间。反映泡沫后期稳定性

(6)泡沫的视黏度

泡沫的视黏度反映的是泡沫在气/液界面上的黏度值，它与泡沫的质量有很大的关系，单位是 mP·s，主要用来表征泡沫的流变性能。

(6)泡沫综合指数

泡沫综合指数是反映发泡体积与泡沫半衰期对泡沫性能的综合影响。它是发泡体积与泡沫半衰期的乘积。

(7)泡沫特征值

泡沫特征值又称为泡沫干度或泡沫质量，即一定压力和温度下，泡沫流体中的气体体积和泡沫体积之比。可用 FQ 表示：

$$\text{FQ} = \frac{V_G}{V_F} = \frac{V_G}{V_G + V_L} \tag{3-1}$$

式中，FQ——泡沫特征值；

V_G——泡沫中气相的体积，m^3；

V_F——泡沫体积，m^3；

V_L——泡沫中液相的体积，m^3。

筛选适合油藏条件的起泡剂主要考虑在地层水及油层温度条件下起泡剂的溶解性、

泡沫体积、泡沫半衰期 $t_{1/2}$、析液半衰期 $t'_{1/2}$、泡沫视黏度 μ、泡沫综合指数及泡沫特征值等。

3.1　实验仪器和材料

3.1.1　实验仪器

1.　起泡剂筛选与评价实验仪器

①Waring Blender 搅拌器；②高温高压泡沫评价装置(江苏海安石油科研仪器有限公司)；③Brookfield-Ⅲ⁺布氏黏度计；④高温恒温箱；⑤量筒及秒表若干；⑥电子天平、烧杯、丝口瓶、玻璃棒、胶头滴管及高压空气瓶等。分别见图 3-1～图 3-4。

图 3-1　Waring Blender 搅拌器

图 3-2　高温高压泡沫评价装置

图 3-3　Brookfield-Ⅲ⁺布氏黏度计

图 3-4　高温恒温箱

2.　界面张力实验仪器

实验中，通过泡沫体系降低原油界面张力的能力大小来评价实际的驱油效果。界面张力仪为 JJ2000B 旋转滴界面张力测量仪，如图 3-5 所示。另外还包括针筒、烧杯、玻璃棒及胶头滴管等实验用具。

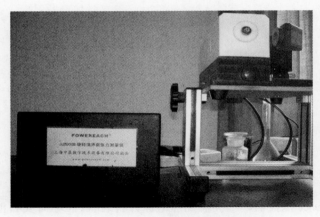

图 3-5 JJ2000B 旋转滴界面张力测量仪

3. 静态吸附实验仪器

发泡剂在岩石上的吸附滞留量决定发泡体系用量、浓度及驱油效果的关键参数。实验中所用设备见表 3-1。

表 3-1 静吸附实验使用的仪器

仪器名称	规格型号	生产厂家
集热式恒温加热磁力搅拌器	DF 101S	巩义市予华仪器有限责任公司
电子天平	AB104-N	梅特勒-托利多（常州）有限公司
离心管	50 mL	成都市苌钲化玻有限公司
离心沉淀器	TDL-50	金坛市岸头良友实验仪器厂
电热恒温鼓风干燥箱	DHG-9101.2SA 型	上海云发科学仪器有限公司
移液管	1、2、5、10、25 及 50 mL	蜀龙玻璃仪器厂
锥形瓶	100 mL、250 mL	蜀龙玻璃仪器厂
具塞玻璃量筒	100 mL	蜀龙玻璃仪器厂

3.1.2 材料及化学试剂

1. 化学试剂

实验中使用的起泡剂和其他无机试剂（包括分析试剂及配制地层水试剂）见表 3-2 和表 3-3。

表 3-2 试验中评价的起泡剂

起泡剂名称	类型	有效物含量/%	制造商	筛选结果
XHY-4	阴离子复配	30	成都华阳兴华化工	√
XHY-4G	阴离子复配	35	成都华阳兴华化工	√
XHY-4H	阴离子复配	35	成都华阳兴华化工	√

续表

起泡剂名称	类 型	有效物含量/%	制 造 商	筛选结果
XHY-4K	阴离子复配	30	成都华阳兴华化工	√
XHY-2	阴离子复配	30	成都华阳兴华化工	√
XHY-6	阴离子复配	35	成都华阳兴华化工	
XHY-7	阴离子复配	35	成都华阳兴华化工	√
XHH-3	阴离子复配	30	成都华阳兴华化工	
XSH-4	阴离子复配	30	成都华阳兴华化工	
XH-5	阴离子复配	30	成都华阳兴华化工	
XHG-10C	阴离子	100（固体）	成都华阳兴华化工	√
XHG-2-8A	阴离子	100（固体）	成都华阳兴华化工	
GP-Ⅱ	阴离子	100（固体）	吐哈油田	
吐哈起泡剂	阴离子复配	30	吐哈油田	
胜都石油 SD	石油磺酸盐	25	东营胜都石油	
浩宇石油化工	阴离子复配	30	上海浩宇化工	
孚科斯常（高）温	阴离子型	35	东营孚科斯	
广贸化工常（高）温	阴离子复配	32	东营广贸化工	
盘锦昊源	阴离子复配	30	盘锦昊源科	
石油磺酸盐	石油磺酸盐	50	大庆油田	

表 3-3 吸附实验使用的试剂

试剂名称	纯 度	生产厂家
Dimidium bromide	99%	CE Label.
Patent blue VF	99%	J&K Chemical LTD.
Benzethonium Chloride	99%	J&K Chemical LTD.
月桂基硫酸钠	99%	J&K Chemical LTD.
硫酸	分析纯	成都市科龙化工试剂厂
盐酸	分析纯	成都市科龙化工试剂厂
甲基橙	分析纯	成都市科龙化工试剂厂
酚酞	分析纯	成都市科龙化工试剂厂
乙醇	分析纯	成都市科龙化工试剂厂
三氯甲烷	分析纯	成都市科龙化工试剂厂
氢氧化钠	分析纯	成都市科龙化工试剂厂
碳酸钠	分析纯	成都市科龙化工试剂厂
碳酸氢钠	分析纯	成都市科龙化工试剂厂
氯化钙	分析纯	成都市科龙化工试剂厂
氯化钠	分析纯	成都市科龙化工试剂厂
硫酸钠	分析纯	成都市科龙化工试剂厂

续表

试剂名称	纯度	生产厂家
六水氯化镁	分析纯	成都市科龙化工试剂厂
石油醚	分析纯	成都市科龙化工试剂厂
乙醇	分析纯	成都市科龙化工试剂厂
盐酸	分析纯	成都市科龙化工试剂厂
蒸馏水	—	自制
油砂(100~200目)	100目$<d<$200目	自制

2. 水样和原油

表 3-4 给出了鲁克沁稠油油藏地层水的组成成分，总矿化度 160599 mg/L，属于 $CaCl_2$ 水型。在油藏温度条件下测定的原油密度为 0.96~0.97 g/cm³，黏度 286 mPa·s。实验中使用的地层水是根据表 3-4 所示离子组成配置的模拟地层水。注入水和采出水为油田提供的实际水样。

表 3-4　地层水离子组成

离子	Na^+、K^+	Ca^{2+}	Mg^{2+}	Cl^-	SO_4^{2-}	HCO_3^-	总矿化度	水型
浓度/(mg/L)	53090	7416	1204	97400	1224	265	160599	$CaCl_2$

3.2　起泡剂的筛选

评价泡沫性能的方法很多，例如 DNI 孔盘打击法、压气气流法、Ross-Miles 法、Apl 法和 Waring Blender 法等。Waring Blender 法是一种极为方便的评价泡沫性能的方法。它所用的药品少，试验周期短，使用条件不受限制，可作为标准评价方法之一。实验所用仪器是高速搅拌器，首先在量杯中加入 200 mL 一定浓度的起泡剂溶液，高速（9000 r/min）搅拌 1 min 后，迅速将泡沫倒入带封口的 1000 mL 量筒中，读取泡沫体积 V_0（表征泡沫的起泡能力）；然后记录从泡沫中析出 100 mL 液体所需的时间，即泡沫析液半衰期 $t'_{1/2}$（反映泡沫体系的初期稳定性）；随后记录泡沫体积消去一半所需要的时间，称为泡沫半衰期 $t_{1/2}$（反应泡沫的后期稳定性）。上述参数可以准确地反应起泡剂溶液的起泡能力和泡沫的稳定性。因此，本书使用此种方法对 21 种起泡剂进行初步筛选。

表 3-5~表 3-10 是优选出的起泡能力及稳定性较好的 6 种起泡剂在不同浓度条件下的空气泡沫评价结果，包括泡沫体积、泡沫半衰期、析液半衰期、消泡时间、泡沫视黏度、泡沫综合指数和泡沫特征值。

表 3-5　XHY-4H 泡沫性能参数

浓度/%（有效）	0.01	0.02	0.04	0.06	0.08
泡沫体积/mL	360	470	500	530	580
泡沫半衰期/s	87	262	294	204	222

续表

浓度/%(有效)	0.01	0.02	0.04	0.06	0.08
析液半衰期/s	19	38	57	69	81
消泡时间/min	108	92	115	135	138
视黏度/(mPa·s)	718.4	842.4	808.4	798.8	747.4
综合指数/(mL·s)	31320	123140	147000	108120	128760
泡沫特征值	0.4444	0.5745	0.6000	0.6226	0.6552

表 3-6　XHY-4G 泡沫性能参数

浓度/%(有效)	0.01	0.02	0.04	0.06	0.08
泡沫体积/mL	350	450	510	550	560
泡沫半衰期/s	118	198	225	201	240
析液半衰期/s	27	38	47	67	84
消泡时间/min	115	83	78	143	133
视黏度/(mPa·s)	694.4	724.5	680.8	799.8	679.8
综合指数/(mL·s)	41300	89100	114750	110550	134400
泡沫特征值	0.4286	0.5556	0.6078	0.6364	0.6429

表 3-7　XHG-10C 泡剂泡沫性能参数

浓度/%(有效)	0.01	0.02	0.04	0.06	0.08
泡沫体积/mL	310	360	430	470	510
泡沫半衰期/s	40	85	380	638	529
析液半衰期/s	26	18	32	58	57
消泡时间/min	445	339	445	460	264
视黏度/(mPa·s)	844.8	944.8	1070	1040	1170
综合指数/(mL·s)	12400	30600	163400	299860	269790
泡沫特征值	0.3548	0.4444	0.5349	0.5745	0.6078

表 3-8　XHY-7 起泡剂泡沫性能参数

浓度/%(有效)	0.01	0.02	0.04	0.06	0.08
泡沫体积/mL	350	390	450	450	500
泡沫半衰期/s	60	233	252	293	370
析液半衰期/s	21	32	43	42	51
消泡时间/min	107	101	109	75	65
视黏度/(mPa·s)	659.9	623.4	714.4	748.9	738.8
综合指数/(mL·s)	21000	90870	113400	131850	185000
泡沫特征值	0.4286	0.4872	0.5556	0.5556	0.6000

表 3-9　XHY-4 起泡剂泡沫性能参数

浓度/%(有效)	0.01	0.02	0.04	0.06	0.08
泡沫体积/mL	360	450	550	630	650
泡沫半衰期/s	117	520	623	627	559
析液半衰期/s	19	26	60	74	84
消泡时间/min	256	249	264	269	210
视黏度/(mPa·s)	874.8	714.8	684.9	818.8	749.8
综合指数/(mL·s)	42120	234000	342650	395010	363350
泡沫特征值	0.4444	0.5556	0.6364	0.6825	0.6923

表 3-10　XHY-2 起泡剂泡沫性能参数

浓度/%(有效)	0.01	0.02	0.04	0.06	0.08
泡沫体积/mL	380	440	570	600	640
泡沫半衰期/s	80	145	270	240	180
析液半衰期/s	15	20	35	40	51
消泡时间/min	98	99	81	92	68
视黏度/(mPa·s)	919.9	719.8	604.9	559.9	699.9
综合指数/(mL·s)	30400	63800	153900	144000	115200
泡沫特征值	0.4737	0.5455	0.6491	0.6667	0.6875

1. 泡沫体积

图 3-6 给出了 XHY 系列起泡剂的实验结果。由图可知，6 种起泡剂的泡沫体积均随着有效浓度的增加而变大，且均呈现先快速上升后平缓的上升趋势。其中，XHY-4 和 XHY-2、XHY-4G 和 XHY-4H、XHY-10C 和 XHY-7 的泡沫体积两两相近，而 XHY-4

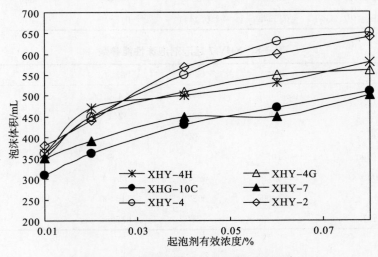

图 3-6　起泡剂有效浓度对泡沫体积的影响

和 XHY-2 的泡沫体积最大。当起泡剂有效浓度为 0.08％时，六种起泡剂起泡能力的顺序为：XHY-4(650 mL)＞XHY-2(640 mL)＞XHY-4H(580 mL)＞XHY-4G(560 mL)＞XHY-10C(510 mL)＞XHY-7(500 mL)。因此，初步以起泡剂的起泡能力为判定标准确定起泡剂为 XHY-4。

2. 泡沫半衰期 $t_{1/2}$

泡沫半衰期 $t_{1/2}$ 是指泡沫体积消去一半所需要的时间，它反映了泡沫的稳定性。图 3-7 给出了 XHY 系列起泡剂浓度对泡沫半衰期 $t_{1/2}$ 影响的实验结果。

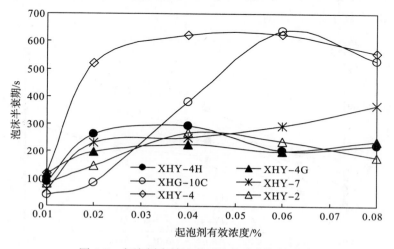

图 3-7　起泡剂有效浓度对泡沫半衰期的影响

从图 3-7 可以看出，在低浓度阶段，随着起泡剂有效浓度的增大，泡沫半衰期 $t_{1/2}$ 均上升。之后，随着起泡剂有效浓度的增大，泡沫半衰期 $t_{1/2}$ 达到平衡或降低。其中，以 XHY-4 起泡剂的泡沫半衰期最长，当有效浓度在 0.01％～0.02％增大时，泡沫半衰期 $t_{1/2}$ 由117 快速增加到 520 s；当有效浓度在 0.02％～0.06％增大时，泡沫半衰期 $t_{1/2}$ 仅由 520 s 增加到 627 s，上升速度慢；而起泡剂有效浓度在 0.06％～0.08％增大时，泡沫半衰期 $t_{1/2}$ 开始降低，由 627 s 慢慢降到到 559 s；在有效浓度为 0.06％时泡沫半衰期达到最大值 627 s。

而起泡剂 XHG-10C 虽然在有效浓度为 0.06％时，泡沫半衰期 $t_{1/2}$ 达到 638 s，高于起泡剂 XHY-4 在此浓度条件下的最大值 627 s，但由于其在低浓度(≤0.06％)时浓度大小对泡沫半衰期 $t_{1/2}$ 的影响非常大且远远低于起泡剂 XHY-4 在此浓度范围条件下的半衰期 $t_{1/2}$，严重影响泡沫在低浓度时的稳定性，因此选择 XHY-4 为最佳起泡剂。

3. 析液半衰期 $t'_{1/2}$

析液半衰期 $t'_{1/2}$ 是从泡沫中析出发泡液体积 50％时所需的时间，反映泡沫体系的稳定性，特别是液膜变薄的速度。因为气泡液膜厚度越薄，泡沫的稳定性越差。通常，产生的泡沫体积越大，析液半衰期越长，排液速度越慢。

图 3-8 给出了起泡剂有效浓度对泡沫析液半衰期 $t'_{1/2}$ 影响的关系曲线。可以看出，无

论哪种起泡剂，泡沫析液半衰期 $t'_{1/2}$ 均随着起泡剂有效浓度的增大而增大。对于发泡能力及泡沫析液半衰期 $t'_{1/2}$ 均较为理想的起泡剂 XHY-4 来说，在浓度较高时，例如在 0.04%～0.08%，析液半衰期 $t'_{1/2}$ 为 60～84 s，是六种起泡剂中泡沫析液半衰期最长的。但值得注意的是，在 0.04%～0.08% 的 XHY-4 析液半衰期 $t'_{1/2}$ 随着浓度的增加而上升的幅度低于在 0.01%～0.04% 的析液半衰期 $t'_{1/2}$ 随着浓度的增加而上升的幅度；且浓度在 0.01%～0.04% 时，XHY-4 泡沫析液半衰期 $t'_{1/2}$ 小于起泡剂 XHY-4G、XHY-2 以及 XHY-7 的析液半衰期 $t'_{1/2}$。当起泡剂的有效浓度在 0.08% 时，XHY-4 起泡剂析液半衰期 $t'_{1/2}$ 为 84 s，XHY-7 起泡剂的析液半衰期 $t'_{1/2}$ 仅为 51 s。可见，由泡沫析液半衰期参数 $t'_{1/2}$ 判定，依然选择起泡剂 XHY-4 为最佳起泡剂。

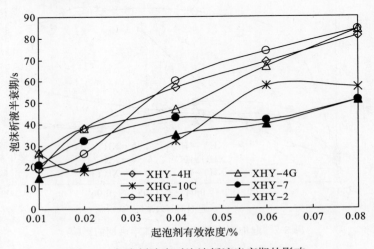

图 3-8　起泡剂浓度对泡沫析液半衰期的影响

4. 消泡时间

消泡时间是指泡沫完全破灭所需的时间。前面提到，泡沫半衰期 $t_{1/2}$ 是指泡沫体积消去一半所需的时间。尽管两者都反映了泡沫的稳定性，但后者更反映了泡沫后期的稳定性。

图 3-9 为六种起泡剂在不同浓度条件下消泡时间的变化曲线。从图中可知，无论何种起泡剂，泡沫的消泡时间均随浓度增加而增加。但是在有效浓度为 0.08% 时，消泡时间反而减小。这可能是由于在高浓度条件下，泡沫体积大，受热面积大，液膜水分蒸发速度过快导致。当起泡剂有效浓度为 0.08% 时，XHG-10C 的消泡时间达 264 min；XHY-4 的消泡时间为 210 min。其他四种泡沫的消泡时间均低于 150 min。

5. 视黏度

对于非均质性地层，特别是非均质性严重或特别严重的油层来说，提高油层波及效率的最主要途径和方法是大幅度增加注入流体的视黏度。对于聚合物驱来说，一般要求聚合物溶液的表观黏度为原油黏度的 3～5 倍；对于聚合物弱凝胶驱来说，一般要求溶液的表观黏度为原油黏度的 5～10 倍，甚至更高。而在油层温度高（≥80℃）、地层水矿化度

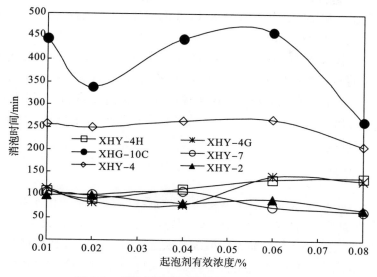

图 3-9　起泡剂浓度对泡沫消泡时间的影响

高（矿化度≥10000 mg/L）的情况下，同时满足上述苛刻条件的驱油剂（如高分子聚合物）很难找到。即使找到了，也由于体系的长期稳定性不理想而不能广泛使用。

而泡沫体系的特殊性，如泡沫在油层孔隙介质中渗流时，由于孔隙喉道的收缩与扩张，导致气界面变形，引起黏滞阻力增加，使得其黏度大大高于其他流体黏度。

图 3-10 给出了起泡剂浓度对泡沫视黏度影响的关系曲线。由图 3-10 可以看出，对于起泡剂 XHY-10C、XHY-4 及 XHY-7 来说，泡沫的表观黏度均随着起泡剂浓度的增加而增加。在起泡剂浓度为 0.08％时，其视黏度分别为 1170 mPa·s、749.8 mPa·s 以及 738.8 mPa·s；而起泡剂 XHY-2 的泡沫视黏度随着浓度的增加先降低后增加，呈现为开口向上的抛物线，其在起泡剂浓度为 0.06％时，黏度降到最小仅为 559.9 mPa·s；而前

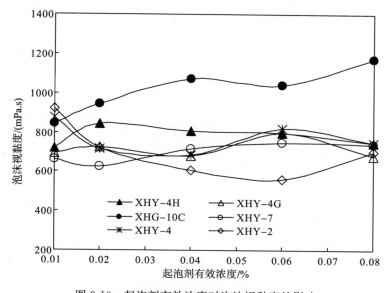

图 3-10　起泡剂有效浓度对泡沫视黏度的影响

面筛选出的起泡能力和稳定性都较好的 XHY-4 的泡沫黏度随有效浓度的增加先降低后升高，但总体黏度为 600～800 mPa·s。

所以上述六种起泡剂即使在浓度为 0.01％（有效浓度）时，在油层温度及地层水的条件下，泡沫体系的表观黏度仍为 600～800 mPa·s，满足油田提高波及效率的要求和条件。也就是说，注入的起泡剂即使因地层水稀释或吸附滞留导致起泡剂浓度大幅度下降，但当起泡剂浓度仍然不低于 0.01％时，流动过程中产生的泡沫仍然具有较高的视黏度，具有理想的驱油效果。

6. 泡沫综合指数

泡沫综合指数是起泡体积与泡沫半衰期 $t_{1/2}$ 的乘积。事实上，由于起泡体积和泡沫半衰期 $t_{1/2}$ 是两个相对独立的参数。起泡体积参数反映起泡的难易和数量；泡沫半衰期 $t_{1/2}$ 反映泡沫的稳定性。这两个参数都不能准确反映起泡剂在多孔介质中的性能。而这两个参数，又都是影响泡沫性能的重要指标。因此，实际应用时，通常采用它们的乘积，即泡沫综合指数来整体或综合考虑、评价泡沫的性能及参数。

图 3-11 给出了起泡剂（有效）浓度对泡沫综合指数影响的关系曲线。可以看出，泡沫综合指数曲线的变化趋势，与泡沫半衰期 $t_{1/2}$ 曲线的趋势基本相同。当浓度为 0.01％～0.08％（有效浓度），随着起泡剂浓度的增大，泡沫综合指数增大。此外，当起泡剂浓度为 0.08％时，XHY-4 的泡沫综合指数达到 363350 mL·s；其次为 XHY-10C，综合指数为 269790 mL·s。值得注意的是，当起泡剂浓度为 0.06％时，起泡剂 XHY-4 以及 XHY-10C 泡沫综合指数达到最大值。原因可能是由于在该浓度时，对应的泡沫半衰期 $t_{1/2}$ 时间长久，因而其综合指数值也较大。所以，泡沫综合指数最大的起泡剂为 XHY-4。

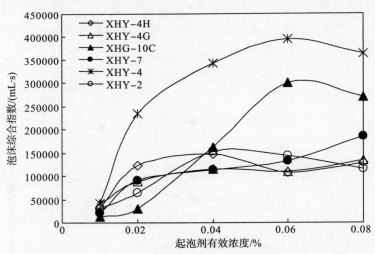

图 3-11　起泡剂有效浓度对泡沫综合指数的影响

7. 泡沫特征值

泡沫特征值又称泡沫质量或泡沫干度。它是指在一定温度和压力下，泡沫流体中的气体体积与泡沫体积之比。泡沫特征值与起泡剂的起泡能力也紧密相关，一般起泡体积大的泡沫特征值也大。

图 3-12 给出了起泡剂浓度对泡沫特征值影响的关系曲线。不难看出，六种起泡剂的泡沫特征值总体变化趋势是随着起泡剂有效浓度的增加而增加。当起泡剂有效浓度在 0.01％～0.04％时，随着浓度的增加，泡沫特征值的增加幅度大于起泡剂有效浓度在 0.04％～0.08％时泡沫特征值的增加幅度。对比而言，起泡剂 XHY-4 和 XHY-2 的泡沫特征值最大，当起泡剂有效浓度为 0.08％时，XHY-4 的泡沫特征值最高，为 0.6923；其次为 XHY-2，泡沫特征值为 0.6875。

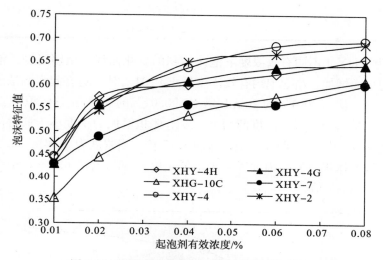

图 3-12　起泡剂有效浓度对泡沫特征值的影响

综上所述，XHY-4 起泡剂的 7 个指标相对较好，其中泡沫体积、泡沫半衰期 $t_{1/2}$、析液半衰期 $t'_{1/2}$、泡沫综合指数以及泡沫特征值 5 个参数最优；泡沫视黏度以及消泡时间次之，但整体水平较高。因此，选择 XHY-4 进行下一步泡沫体系评价。

3.3　起泡剂性能评价

3.3.1　不同有效浓度对起泡剂性能的评价

在完成了起泡剂基本参数的评价后，确定 XHY-4 为最优起泡剂进行下一步性能评价，并在上述实验基础上完善了特低浓度和高浓度对起泡剂影响实验。

表 3-11 给出了 XHY-4 有效浓度对泡沫参数的影响实验。可知，起泡剂 XHY-4 在 0.0001％超低（有效）浓度下，仍然具有起泡能力；当有效浓度为 0.005％时，泡沫体积为 150 mL，泡沫半衰期 $t_{1/2}$ 为 17 s，泡沫消泡时间为 60 min，视黏度仍然高达 744.5 mPa·s。显然，表面活性剂 XHY-4 在超低浓度下，仍然具有一定的起泡能力和稳定性。这表明：起泡剂 XHY-4 泡沫或发泡液在油层中渗流过程中，由于岩石的吸附、滞留作用以及地层水的稀释作用而使其浓度降低，即使在 0.0001％的超低（有效）浓度下仍然具有起泡能力。这对于油田实际应用具有重要意义。

表 3-11　XHY-4 起泡剂不同浓度对起泡性能的影响

浓度/%(有效)	0.0001	0.001	0.0025	0.005	0.01	0.02	0.04	0.06	0.08	0.10	0.15
泡沫体积/mL	20	70	120	150	360	450	550	630	650	680	720
泡沫半衰期/s	—	—	7	17	117	520	623	627	559	585	537
析液半衰期/s	—	—	5	12	19	26	60	74	84	77	100
消泡时间/min	—	—	29	60	256	249	264	269	210	198	202
视黏度/(mPa·s)	—	—	—	744.5	874.8	714.8	684.9	818.8	749.8	918.8	898.4
综合指数/(mL·s)	—	—	—	—	42120	234000	342650	395010	363350	397800	386640
泡沫特征值	—	—	—	—	0.4444	0.5556	0.6364	0.6825	0.6923	0.7059	0.7222

图 3-13 为 XHY-4 不同有效浓度下泡沫体积的变化曲线。由图可知，泡沫体积随起泡剂浓度的增加而增加。当起泡剂有效浓度低于 0.01% 时，随着起泡剂浓度的增大，发泡体积急剧增加，从 0.0001% 的 20 mL 增加到 0.01% 的 360 mL，体积增加 18 倍；当浓度为 0.01%～0.06% 时，随着浓度的增加，发泡体积增加的幅度小于低浓度条件下的增加幅度，仅由 360 mL 增加到 630 mL，增加 1.75 倍；当浓度为 0.06%～0.15% 时，随着浓度的增加，发泡体积增加的幅度进一步降低，由 0.06% 时的 630 mL 小幅度地增加到 720 mL，增加了 1.14 倍。

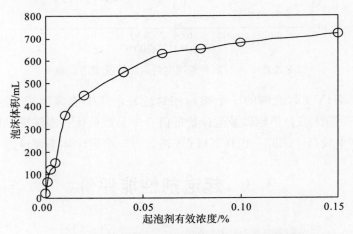

图 3-13　起泡剂 XHY-4 有效浓度对泡沫体积的影响

泡沫半衰期 $t_{1/2}$ 随起泡剂浓度的增加先快速增加到最大值再略微降低后趋于稳定，如图 3-14 所示。其在有效浓度为 0.06% 时达到泡沫半衰期最大值 627 s，当起泡剂浓度大于 0.08% 后，泡沫半衰期 $t_{1/2}$ 略有下降稳定在 550 s 左右，表明起泡剂 XHY-4 不仅在超低浓度(0.0001%)具有发泡能力，且泡沫具有理想的稳定性。

图 3-15 给出了 XHY-4 泡沫析液半衰期 $t'_{1/2}$ 与浓度的关系曲线。析液半衰期 $t'_{1/2}$ 随浓度变化的变化趋势，同样表现为随着起泡剂有效浓度的增加而增加，且增加趋势呈良好的正相关关系。表明泡沫携液能力与起泡剂有效浓度有良好的相关性，受外界条件干扰的程度较泡沫半衰期 $t_{1/2}$ 小。析液半衰期 $t'_{1/2}$ 反应了泡沫体系在泡沫初期的稳定性。当起泡剂有效浓度为 0.15% 时，析液半衰期 $t'_{1/2}$ 为 100 s。

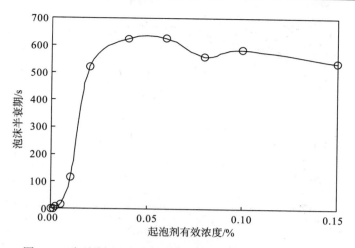

图 3-14　起泡剂 XHY-4 不同有效浓度对泡沫半衰期的影响

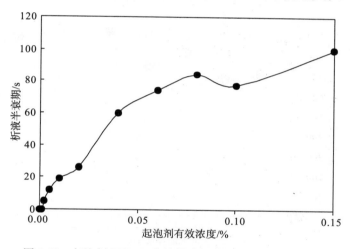

图 3-15　起泡剂 XHY-4 有效浓度对析液半衰期 $t'_{1/2}$ 的影响

　　图 3-16 给出了 XHY-4 浓度对消泡时间的影响。可以看出，消泡时间在起泡剂浓度低于 0.06％时，随起泡剂有效浓度的增加而增加；当起泡剂有效浓度高于 0.06％时消泡时间减小。因为泡沫体积越大，随着消泡过程的进行，残留在泡沫上层面的盐增多（由于蒸发，使得高矿化度的地层水蒸发，析出盐附于泡沫上表面），破坏了泡沫稳定存在的压力条件，使得泡沫破灭速度加快，所以与理论上的泡沫体积越大稳定性越长有出入。但是实验时高浓度泡沫体系的消泡时间仍然在 200 min 以上，属于较高水平。

　　油理论表明，体系黏度是影响非均质油层波及效率的重要因素。泡沫驱油体系视黏度是评价泡沫封堵效应的重要参数。图 3-17 给出了 XHY-4 泡沫体系视黏度与浓度的关系曲线。结果表明，泡沫视黏度总体变化趋势是随起泡剂有效黏度的升高而增高。当起泡剂有效浓度低于 0.005％时，泡沫体系的视黏度非常低，但在超低浓度 0.005％时，泡沫的视黏度可以达到 744.5 mPa·s。当有效浓度大于 0.005％后，泡沫视黏度快速增加到 700 mPa·s。，并在有效浓度大于 0.10％后趋于稳定，稳定值为 900 mPa·s，远远高于一般聚合物黏度溶液或（弱）凝胶的视黏度。

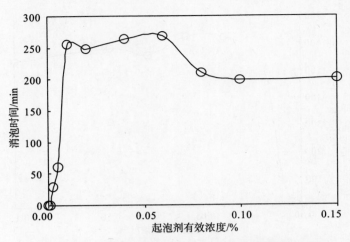

图 3-16　起泡剂 XHY-4 有效浓度对消泡时间的影响

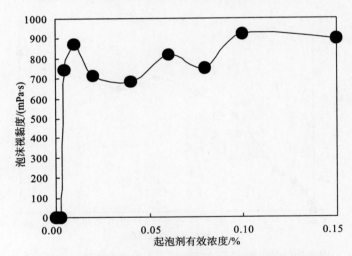

图 3-17　起泡剂 XHY-4 有效浓度对泡沫视黏度的影响

　　泡沫综合指数是综合考虑了发泡体积和泡沫半衰期 $t_{1/2}$ 的综合性参数。图 3-18 给出了起泡剂浓度对泡沫综合指数影响的关系曲线。从图 3-18 可以看出，当浓度为 0.0001％～0.05％时，泡沫综合指数随起泡剂 XHY-4 有效浓度的增加而急剧增加；当有效浓度大于0.05％时，综合指数变化趋于平衡，稳定在 400000 mL·s。

　　此外，泡沫特征值随着起泡剂有效浓度的增加也呈先增加后稳定的变化趋势，如图 3-19所示。其中，当浓度低于 0.01％时，泡沫特征值非常小几乎为 0，说明该种泡沫体系在低浓度下析液很快或起泡不充分；当浓度增加到 0.06％，泡沫特征值急剧增加，从 0 增加到 0.6825，后继续增加有效黏度，泡沫特征值稳定在 0.7 左右。

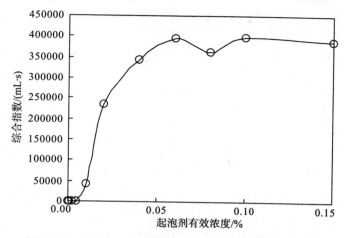

图 3-18　起泡剂 XHY-4 有效浓度对泡沫综合指数的影响

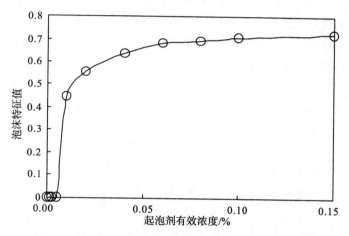

图 3-19　起泡剂 XHY-4 有效浓度对泡沫特征值的影响

3.3.2　矿化度对起泡剂 XHY-4 性能的影响

从前期对化学驱的研究可知,一般的化学驱,例如聚合物驱(深部调驱)、表面活性剂/聚合物二元复合驱,碱/表面活性剂/聚合物三元复合驱等,所用聚合物的分子结构在高矿化度条件下易发生降解、卷曲,体系黏度大幅度下降,稳定性变差,从而导致驱油效果差,甚至失败,难以大规模应用。为此,对于高矿化度油藏,有必要研究矿化度对起泡剂性能的影响,以筛选出适合此油藏条件的起泡剂。

注入水矿化度与地层水的矿化度及离子组成不同,长期注水后,因油层的非均质性,高渗透层中的地层水被注入水长期稀释、混合;中等渗透率层中的地层水被注入水部分稀释、混合;低渗透层中的地层水未被注入水稀释、混合,甚至完全被注入水稀释、混合。这就使得鲁克沁油层中不同层位中的地层水矿化度不同,因此室内筛选的起泡剂应该在油层不同的矿化度范围内,仍然具有理想的起泡性能及驱油作用。

表 3-12 为起泡剂 XHY-4 在不同矿化度条件下的实验结果。图 3-20 和图 3-21 是根据表 3-14 绘制的曲线。

表 3-12　矿化度对 XHY-4 泡沫参数的影响

矿化度/(mg/L)	0	16000	48000	64000	116000	160000
泡沫体积/mL	740	800	750	750	700	650
泡沫半衰期/s	890	637	682	616	609	559
析液半衰期/s	102	106	92	90	88	84
消泡时间/min	112	80	135	107	119	210
视黏度/(mPa·s)	718.6	714.8	655.4	818.8	734.4	749.8
综合指数/(mL·s)	658600	509600	511500	462000	426300	363350
泡沫特征值	0.7297	0.7500	0.7333	0.7333	0.7143	0.6923

图 3-20 给出了矿化度对 XHY-4 发泡体积和泡沫半衰期 $t_{1/2}$ 的影响。从图 3-20 可知，发泡体积和泡沫半衰期均随矿化度的先增加后降低最后趋于平衡，说明起泡剂 XHT-4 随矿化度的增加起泡性能变差，但影响范围较小。当矿化度浓度达到鲁克沁地层水矿化度 160000 mg/L 时，泡沫体积和泡沫半衰期分别为 650 mL 和 559 s，只比矿化度为 0 时低 90 mL 和 331 s。

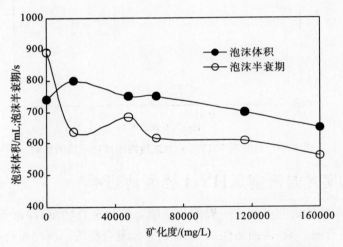

图 3-20　矿化度对 XHY-4 泡沫体积和泡沫半衰期的影响

图 3-21 是泡沫综合指数随矿化度变化的变化曲线。上图表明，XHY-4 的泡沫综合指数随矿化度的增加而减小。综合指数由用蒸馏水(矿化度为 0)配制的 XHY-4 起泡剂溶液的 658600 mL·s 下降到由地层水(矿化度 160000 mg/L)配制起泡剂溶液的 363350 mL·s。尽管总体呈下降趋势，但在高矿化度条件下起泡剂 XHY-4 的泡沫综合指数仍然较高，均大于 350000 mL·s。

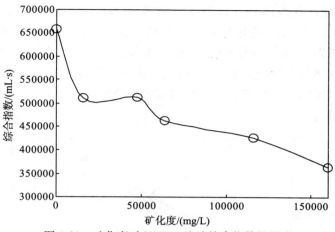

图 3-21 矿化度对 XHY-4 泡沫综合指数的影响

3.3.3 注入水和采出水对起泡剂性能的影响

油田现场操作时配制溶液的水可能是油田处理后的采出水或注入水，因此室内分别使用采出水和注入水来配制泡沫体系。表 3-13 和表 3-14 分别为油田提供的实际采出水和注入水配制 XHY-4 在不同浓度泡沫体系下的泡沫参数实验结果。

表 3-13 采出水配制起泡剂 XHY-4 的性能影响

有效浓度/%	0.01	0.02	0.04	0.06	0.08
泡沫体积/mL	380	470	580	670	700
泡沫半衰期/s	91	356	559	497	509
析液半衰期/s	16	31	51	67	78
消泡时间/min	88	103	71	61	65
视黏度/(mPa·s)	708.8	709.9	704.9	758.8	818.8
综合指数/(mL·s)	34580	167320	324220	332990	356300
泡沫特征值	0.4737	0.5745	0.6552	0.7015	0.7143

表 3-14 注入水配制起泡剂 XHY-4 的性能影响

有效浓度/%	0.01	0.02	0.04	0.06	0.08
泡沫体积/mL	400	500	600	700	720
泡沫半衰期/s	215	413	551	545	555
析液半衰期/s	23	35	57	78	77
消泡时间/min	135	142	135	110	95
视黏度/(mPa·s)	694.9	818.4	769.8	809.8	814.4
综合指数/(mL·s)	86000	206500	330600	381500	399600
泡沫特征值	0.5000	0.6000	0.6667	0.7143	0.7222

由图 3-22 可知，无论是采出水还是注入水配制的 XHY-4 溶液，发泡体积均随起泡剂有效浓度的增加而增加。无论是注入水还是采出水，在 0.001%～0.06% 的有效浓度，

随有效浓度的增加，发泡体积快速增加，从 0.01％时的 400 mL 增加到 0.06％时的 700 mL；在 0.06％～0.08％的有效浓度，随着浓度的增加，发泡体积几乎不再增大，仅由 700 mL 增加到 720 mL。当有效浓度为 0.08％时，200 mL 发泡液的发泡体积分别达到最大值，注入水条件下发泡体积为 720 mL；采出水条件下发泡体积为 700 mL。相对而言，注入水发泡液的起泡性能较采出水的起泡性能好，这与采出水的成分复杂，尤其是未处理充分油渍有关。

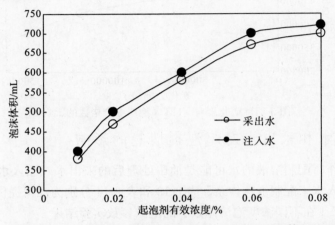

图 3-22　采出水和注入水配制起泡剂 XHY-4 溶液对泡沫体积的影响

值得注意的是，二者起泡体积在数值上较地层水配制的起泡剂稍高，主要因为使用的采出水和注入水的矿化度较地层水的矿化度低。

图 3-23 反应了采出水和注入水配置的泡沫体系有效浓度对泡沫半衰期 $t_{1/2}$ 的影响，其规律与浓度对发泡体积影响的规律相似。从图中可知，在 0.01％～0.04％的有效浓度内，随着浓度的增加，泡沫半衰期 $t_{1/2}$ 的增加幅度较大。当起泡剂浓度大于 0.04％时，注入水与采出水配制的 XHY-4 泡沫半衰期 $t_{1/2}$ 均达到最大值，分别为 555 s 和 509 s。采出水在浓度为 0.04％时最大，但整体变化呈上升趋势。注入水的泡沫半衰期值总体略高于采出水，这说明矿化度高不利于泡沫半衰期。

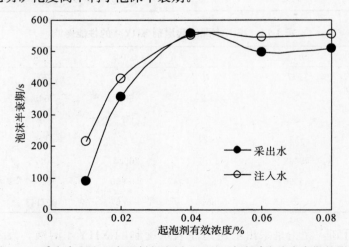

图 3-23　采出水和注入水配制起泡剂 XHY-4 溶液对泡沫半衰期的影响

　　图 3-24 给出了用注入水和采出水配置的起泡体系浓度对泡沫综合指数的影响曲线。从图中可知，随着起泡剂浓度的增加，泡沫综合指数曲线变化规律类似于泡沫半衰期 $t_{1/2}$ 曲线特征，均随起泡剂浓度的增加而增加，在浓度为 0.08% 时泡沫综合指数达到最大值，分别为 399600 mL·s 和 356300 mL·s。同时注入水配置的泡沫体系的综合指数高于采出水，表明矿化度越高泡沫性能越差。

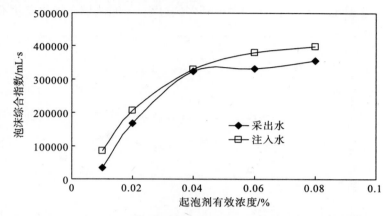

图 3-24　采出水和注入水配制起泡剂 XHY-4 溶液对泡沫综合指数的影响

3.3.4　注入水和采出水按比例混合对起泡剂性能的影响

　　因为现场操作中，配制溶液的水可能使用的是处理后的采出水或混合水，因此在室内实验采用不同比例的采出水与注入水（以下简称注采比）混合来配制泡沫体系，并选择有效浓度 0.08% 的 XHY-4 起泡剂进行泡沫参数评价，结果如表 3-15 所示。

表 3-15　起泡剂浓度为 0.08% 时的泡沫参数

注采比	0∶0	0∶1	1∶3	1∶1	3∶1	1∶0
泡沫体积/mL	740	700	700	700	720	720
泡沫半衰期/s	890	509	618	588	636	555
析液半衰期/s	102	78	89	88	91	77
消泡时间/min	112	95	125	160	138	65
视黏度/(mPa·s)	718.6	818.8	819.9	718.8	698.4	814.4
综合指数/(mL·s)	658600	356300	432600	411600	457920	399600
泡沫特征值	0.7297	0.7143	0.7143	0.7143	0.7222	0.7222

　　从图 3-25 可知，当注采比为 0∶0 时即使用蒸馏水配制浓度为 0.08% 的 XHY-4 溶液，发泡体积与泡沫半衰期 $t_{1/2}$ 均达到最大值为 740 mL 和 890 s。当注采比从 0∶1 上升到 1∶0，随着注采比的升高，泡沫体积局部波动总体呈上升趋势，但增加幅度较小。因为采出水成分复杂，并且每次处理后的采出水其性质不是绝对相同的，故造成了一定的波折性。而随着注入水的增多，采出水的减少，影响泡沫体积的因素逐步减少，故整体

趋势为上升。同样，随着注采比的增加，泡沫半衰期 $t_{1/2}$ 稳步上升，该规律符合一般认识，但是泡沫半衰期的起伏不大，这说明了除了注入水增多使得泡沫半衰期时间增加外，还有其他因素影响。

从图 3-26 可知，泡沫综合指数变化趋势与泡沫半衰期相似。当注采比为 0∶0 时，即使用蒸馏水配制浓度为 0.08％的 XHY-4 溶液，泡沫综合指数达到最大值；随着注采比的升高（由 0∶1 升至 1∶0，注入水由少到多的过程），泡沫综合指数变化不大。

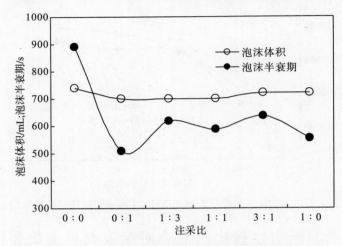

图 3-25   注采比对泡沫体积和泡沫半衰期的影响

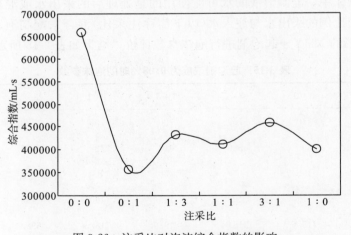

图 3-26   注采比对泡沫综合指数的影响

可见，矿化度对泡沫参数有一定的影响，室内试验筛选起泡剂时有必要结合实际油田地层水矿化度筛选适合的起泡剂。

3.3.5   高温高压下起泡剂 XHY-4 评价

因为泡沫由起泡剂及气体组成，而气体受压力影响较大，所以压力变化会影响泡沫的性质及参数。前面所有实验是在油层温度（80℃）及常压条件下进行筛选和评价，为了能更准确地掌握影响泡沫性能的因素，需要进一步研究压力对泡沫体系的影响。本节利用高温高压泡沫评价装置对 XHY-4 起泡剂的空气泡沫性能进行评价。

1. 压力对泡沫大小的影响

图 3-27 为有效浓度 0.08％的 XHY-4 在油层温度（80℃）条件下的泡沫大小。从图中可知，常压 0.1 MPa 下的泡沫直径明显大于高压 10 MPa 和 15 MPa 下的气泡直径。经过计算，常压 0.1 MPa 下的泡沫平均直径为 7.233×10^{-1} mm，10 MPa 下的泡沫的平均直径 6.714×10^{-3} mm，高压 15 MPa 下的泡沫平均直径 5.12×10^{-3} mm。而在相同压力条件下，泡沫直径越小，起泡液的发泡能力越强，泡沫的稳定性越好。

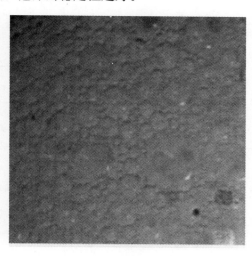

(a)0.1 MPa 下的泡沫大小　　　　　　　　　　(b)10 MPa 下的泡沫大小

(c)15 MPa 下的泡沫大小

图 3-27　压力对泡沫直径大小的影响

2. 压力对泡沫性能的影响

为了更清楚地明确解压力对泡沫体系的影响，测定了不同压力条件下的泡沫体积及泡沫半衰期，如表 3-16 和表 3-17 所示。

表 3-16　浓度及压力对采出水泡沫参数的影响

泡沫参数	起泡剂有效浓度/%			压　力
	0.02	0.06	0.08	
泡沫体积/mL	470	670	700	0.1 MPa
泡沫半衰期 $t_{1/2}$/s	356	497	509	
泡沫体积/mL	480	750	900	5 MPa
泡沫半衰期 $t_{1/2}$/s	299	698	694	
泡沫体积/mL	655	1325	1825	10 MPa
泡沫半衰期 $t_{1/2}$/s	530	889	1209	
泡沫体积/mL	749	1685	1995	15 MPa
泡沫半衰期 $t_{1/2}$/s	691	1086	1371	

表 3-17　浓度及压力对注入水泡沫参数的影响

泡沫参数	起泡剂有效浓度/%			压　力
	0.02	0.06	0.08	
泡沫体积/mL	500	700	720	0.1 MPa
泡沫半衰期 $t_{1/2}$/s	413	545	555	
泡沫体积/mL	450	800	890	5 MPa
泡沫半衰期 $t_{1/2}$/s	300	722	753	
泡沫体积/mL	690	1477	1915	10 MPa
泡沫半衰期 $t_{1/2}$/s	540	1003	1323	
泡沫体积/mL	798	1739	2035	15 MPa
泡沫半衰期 $t_{1/2}$/s	730	1122	1463	

　　从表 3-16、表 3-17 可知，压力对泡沫体积影响较大，泡沫体积随着压力的增高而增大，但不同的压力范围及不同的起泡剂浓度，压力的影响程度不同。当 XHY-4 有效浓度为 0.08%，压力在 0.1～5 MPa 增高时，其泡沫体积的增加幅度不大，采出水和注入水发泡液（200 mL）的泡沫体积分别由 700 mL 和 720 mL 略升至 900 mL 和 890 mL；当压力在 5～10 MPa 增高时，其泡沫体积急剧增加，采出水和注入水发泡液的泡沫体积分别由 900 mL 和 890 mL 升至 1825 mL 和 1915 mL；当压力在 10～15 MPa 增高时，泡沫体积的增加幅度变缓，几乎为一常数，采出水和注入水发泡液的泡沫体积在 1900 mL 和 2000 mL 左右波动。

　　对于有效浓度为 0.02% 和 0.06% 的泡沫体系来说，泡沫体积随压力的变化趋势与浓度为 0.08% 时的基本相同，但是在相同压力条件下低浓度的泡沫体系泡沫体积小于高浓度泡沫体系的泡沫体积（图 3-28）。

　　所以，压力越大泡沫体积越大，但当压力大于 10 MPa 后压力对泡沫体积的影响变小。

　　图 3-29 是压力对泡沫半衰期的影响曲线。由图可知，无论是采出水还是注入水配置

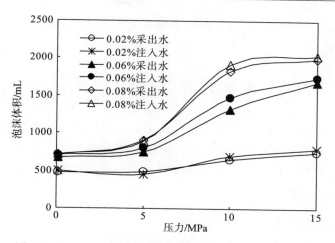

图 3-28　压力、起泡剂浓度及水质类型对泡沫体积的影响

的泡沫体系，随压力的增加泡沫半衰期 $t_{1/2}$ 逐渐增大，总体趋势类似于泡沫体积随压力变化规律。当压力在 5~10 MPa 增大时，泡沫半衰期 $t_{1/2}$ 迅速增加；当大于 10 MPa 时，泡沫半衰期 $t_{1/2}$ 随压力增加而缓慢增加。例如用注入水配制的有效浓度为 0.08% 的 XHY-4 泡沫体系，在压力为 5 MPa 时，泡沫半衰期 $t_{1/2}$ 为 753 s；当压力上升为 10 MPa 时，泡沫半衰期 $t_{1/2}$ 迅速增长到 1323 s，增加了 570 s；当压力继续升高到 15 MPa 时，泡沫半衰期 $t_{1/2}$ 只增加了 140 s，为 1463 s。

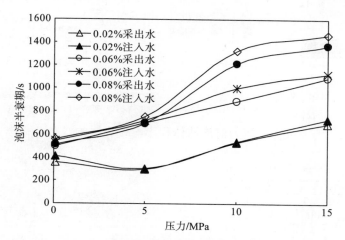

图 3-29　压力、起泡剂浓度及水质类型对泡沫半衰期 $t_{1/2}$ 的影响

此外，结果还表明注入水泡沫半衰期 $t_{1/2}$ 较采出水泡沫半衰期 $t_{1/2}$ 大。这可能是因为注入水中没有原油组分，对于泡沫的稳定性有益。而采出水中含有一定的油渍，对泡沫的稳定性有一定影响。

高压条件下，表征泡沫起泡性能的泡沫体积和稳定性能的泡沫半衰期 $t_{1/2}$ 随压力的上升而增加。因为在实际应用时，由于地层压力一般远高于试验中的 15 MPa，所以筛选的起泡剂在实际储层发泡且泡沫稳定性也较好。

综上所述，适合鲁克沁油藏的最优泡沫体系为有效浓度为 0.08% 的 XHY-4，此时泡沫体积650 mL、泡沫半衰期 559 s、析液半衰期 84 s、消泡时间 210 min、黏度 749.8 mPa·s 和综合指数 363350 mL·s。

3.4　泡沫体系其他性质及评价

因为起泡剂实际上是表面活性剂，拥有表面活性剂在原油与水溶液接触面产生吸附的能力，所以能降低油水界面张力达到提高驱油效率 η 的作用。为此在研究了起泡剂基础性能基础上还应掌握起泡剂作为表面活性剂使用的相关性能，所以本节测定了起泡剂的界面张力、表面张力和吸附能力等。

3.4.1　界面张力的测定

在油层温度 80℃的条件下，测定了原油与起泡液的界面张力。原油密度：80℃条件下 0.86 g/cm³，油水密度差 0.11 g/cm³，空白样品的界面张力为 19.42 mN/m。所用仪器及药品见 3.1 节，测定方法及原理如图 3-30 所示。

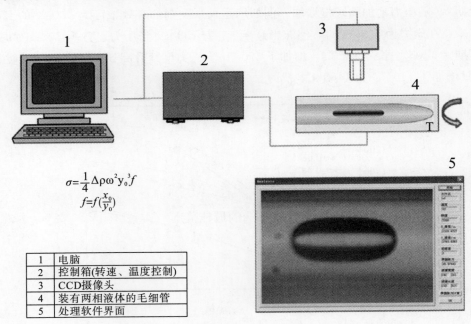

$$\sigma = \frac{1}{4}\Delta\rho\omega^2 y_0^3 f$$
$$f = f\left(\frac{x_0}{y_0}\right)$$

1	电脑
2	控制箱(转速、温度控制)
3	CCD摄像头
4	装有两相液体的毛细管
5	处理软件界面

图 3-30　界面张力测定方法及原理

表 3-18 和图 3-31 分别给出了地层水和蒸馏水条件下，起泡剂浓度对油水界面张力影响的测定结果。由图可知，注入水和蒸馏水对起泡剂溶液降低界面张力的影响不大，两者基本一致。而随着起泡剂浓度的增加，测定的界面张力先急剧下降后趋于平衡。同时表面活性剂降低界面张力最明显的有效浓度为 0.1%，界面张力在有效浓度为 0 的时候降低到 0.58236 mN/m。

表 3-18 起泡剂有效浓度对与原油界面张力的影响

有效浓度/%	0	0.02	0.04	0.06	0.08	0.10
XHY-4+地层水	28.80	0.92	0.82	0.72	0.69	0.58
XHY-4+蒸馏水	34.41	1.07	0.88	0.67	0.61	0.55

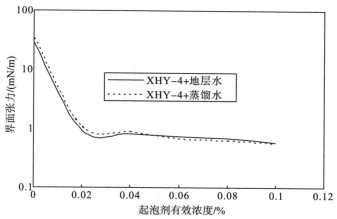

图 3-31 起泡剂有效浓度对原油界面张力的影响

所以，当表面活性剂进入地层发生吸附后，体系浓度降低，其降低的界面张力缓慢变小，始终在 10^{-1} mN/m；当浓度降低到 0.02% 后，降低界面张力的能力开始急剧下降。保持在 10^0 mN/m。但在有效浓度的整个变化范围，界面张力的数量级一致保持在 $10^{-1} \sim 10^0$ mN/m，虽未达到超低界面张力，但对降低界面张力有一定的作用。

3.4.2 发泡液及泡沫的吸附性能研究

起泡剂通过多孔油藏时被岩石吸附、滞留而造成损失。这不仅使起泡剂的有效浓度下降，而且可能导致泡沫配方偏离室内筛选的最佳范围，从而影响驱油效率。根据上节的室内实验，采用起泡效果较好的 XHY-4 两个有效浓度 0.03% 和 0.08%，分别在溶液状态和泡沫状态下进行油砂对起泡剂的静态吸附实验。

1. 实验方法

称取 100～200 目的岩石(精确到 0.0001 g)放入 100 mL 锥形瓶中，然后加入表面活性剂溶液，放入 80℃ 恒温烘箱中振荡至吸附平衡。在同一温度下静置适当时间后，将上层溶液转入离心管中，以较高转速离心约 10 min，抽取中间层清液用两相滴定法测定平衡浓度 C(mol/L)。同样测定不加岩石的空白对照样的浓度作为初始浓度 C_0(mol/L)。由两者之差计算吸附量 $P = (C_0 - C)MV/W$(mg/g 砂)。

式中，V、W 及 M 分别为吸附溶液的体积(mL)、岩心质量(g)和起泡剂的平均摩尔质量(g/mol)。起泡剂 XHY-4 平均分子量 $M = 315$ g/mol。

空白样在离心前后测得的偏差小于 1%，表明试样和空白样间的浓度差完全由岩石吸附所致。

2. 油砂质量和溶液体积比（固液比）的影响

起泡剂 XHY-4 有效浓度为 0.03％和 0.08％，固液比为 1：1、1：2、1：3、1：4、1：6、1：8 以及 1：10 考察固液比对吸附量的影响，其他实验条件不变。结果见表 3-19 和表 3-20。

从表 3-19 可知：当起泡剂有效浓度为 0.03％时，随着固液比的增加，岩心吸附量先快速增加后稳定。当固液比从 1：1 增加到 1：4 时，吸附量从 0.11 mg/g 快速增加到 0.30 mg/g，增加了 0.19 mg/g，达到 1：4 后继续增加固液比，吸附量略微降低到 0.28 mg/g，变化不到。表明当固液比为 1：4 时岩心基本达到饱和吸附，此时起泡剂 XHY-4 的吸附量为 0.30 mg/g。

表 3-19　起泡剂浓度为 0.03％时，固液比对起泡剂吸附量的影响

固液比	溶液量 /mL	岩心质量 /g	V_1/mL	V_2/mL	离心液用量 /mL	离心液浓度 /(mol/L)	岩心吸附 /(mg/g)
1：1	5	5.0006	16.00	17.70	1.50	0.0000447	0.1110
1：2	10	5.0006	0.00	15.10	5.00	0.0001191	0.1918
1：3	15	5.0005	0.00	6.60	1.50	0.0001735	0.2546
1：4	20	4.9998	7.00	34.80	5.00	0.0002193	0.3023
1：6	30	5.0003		45.10	5.00	0.0003557	0.2873
1：8	40	5.0002		5.30	5.00	0.0004181	0.2818
1：10	50	4.9994	6.00	11.60	5.00	0.0004417	0.3042

注：温度为 80℃，起泡剂有效浓度为 0.03％，油砂为 100～200 目，时间为 24 h；滴定用标准液浓度为 0.00003944 mol/L，滴定前后氯化苄苏镕溶液体积分别为 V_1、V_2

从表 3-20 可知：当起泡剂 XHY-4 有效浓度为 0.08％时，起泡剂 XHY-4 的吸附量随固/液比的增加先上升后下降，在固液比为 1：3 时达到最大值，此时吸附量为 0.34 mg/g，继续增加固液比，吸附曲线明显向下弯曲，即吸附量大幅度下降(图 3-32)。

表 3-20　起泡剂浓度为 0.08％时，固液比对起泡剂吸附量的影响

固液比	溶液用量 /mL	岩心质量 /g	V_1/mL	V_2/mL	离心液用量 /mL	离心液浓度 /(mol/L)	岩心吸附 /(mg/g)
1：1	5	5.0004	10.50	11.30	1.50	0.0002103	0.2488
1：2	10	4.9998	12.00	20.90	5.00	0.0007020	0.2980
1：3	15	5.0003	0.00	11.20	5.00	0.0008835	0.3365
1：4	20	5.0001	21.00	34.50	5.00	0.0010649	0.3013
1：6	30	4.9998	24.00	39.90	5.00	0.0012542	0.2214
1：8	40	5.0001	12.00	29.30	5.00	0.0013646	0.1159
1：10	50	5.0002	0.00	18.00	5.00	0.0014198	0.03280

注：温度为 80℃，起泡剂有效浓度为 0.08％，岩心为 100～200 目，时间为 24 h，滴定用标准液浓度为 0.0003944 mol/L，滴定前后氯化苄苏镕溶液体积分别为 V_1、V_2

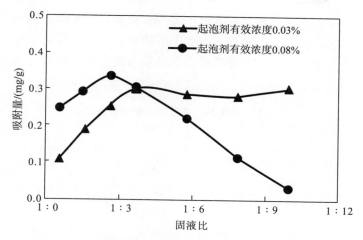

图 3-32　不同固液比对起泡剂 XHY-4 吸附值的影响

3. 起泡剂有效浓度对吸附的影响

用模拟地层水配制不同有效浓度的起泡剂溶液，做吸附等温曲线分析浓度对吸附量的影响，其他实验条件不变。

（1）不同起泡剂溶液的标定

为了准确确定起泡剂的吸附量，必须对起泡剂有效浓度进行标定。表 3-21 给出了滴定实验中的标定结果。

表 3-21　起泡剂 XHY-4 标定实验数据

有效浓度/%	溶液用量/mL	V_1/mL	V_2/mL	摩尔浓度/(mol/L)
0.01	5	0.00	25.90	0.0002043
0.02	2	0.00	19.80	0.0003905
0.03	2	6.00	36.00	0.0005916
0.05	5	16.00	29.40	0.001057
0.08	5	20.00	38.20	0.001436
0.10	5	43.00	45.60	0.002037
0.20	5	37.00	42.20	0.004075
0.30	5	28.00	35.80	0.006112
0.40	5	17.00	27.40	0.008149
0.50	5	4.00	16.90	0.01011

注：对不同浓度的标定，滴定前后氯化苄苏镓溶液的体积分别为 V_1、V_2

（2）不同浓度对吸附的影响

表 3-22 和图 3-33 给出了起泡剂浓度对吸附的影响结果。由图可知：浓度对吸附量有影响，且在低浓度下吸附量小，随着浓度变大吸附量变大，但超过某一浓度后不再变大，反而呈减少趋势。当有效浓度为 0.20% 时，对应的岩心吸附最大，为 0.4028 mg/g。当有效浓度超过 0.20% 时，吸附曲线明显向下弯曲，即吸附量大幅度下降。这是因为高浓

度的表面活性剂溶液中存在着大量的胶束，这些胶束对岩石矿物表面的油质具有增溶作用，从而将油质溶出并使之进入液相。实验中溶液离心后，上层清液在溶液浓度低时是无色的，随着溶液浓度的增大，上层清液由无色变为淡黄色，最后变为棕黄色，这与吸附等温线的降低趋势是吻合的。

表 3-22　起泡剂有效浓度对吸附量的影响

有效浓度/%	溶液/mL	油砂质量/g	V_1/mL	V_2/mL	离心液用量/mL	离心液浓度/(mol/L)	油砂吸附/(mg/g)
0.01	5	5.0001	0.00	0.90	1.50	0.00002366	0.0367
0.02	5	5.0003	8.00	9.80	2.00	0.00003550	0.0721
0.03	5	5.0005	6.00	7.70	1.50	0.00004470	0.1110
0.05	5	5.0003	2.00	5.50	1.50	0.00009203	0.1959
0.08	5	5.0004	10.50	11.30	1.50	0.00021035	0.2487
0.10	5	5.0003	34.00	35.30	2.00	0.0002564	0.3615
0.20	5	5.0002	23.00	33.60	2.00	0.002090	0.4028
0.30	5	5.0004	0.00	22.40	2.00	0.004417	0.3440
0.40	5	5.0005	1.00	34.20	2.00	0.006547	0.3253
0.50	5	5.0003	1.00	35.30	1.50	0.009019	0.2212

　　注：温度为80℃，油砂为100～200目，滴定用标准液浓度为0.00003944 mol/L，时间为24 h，滴定前后氯化苄苏鎓溶液体积分别为V_1、V_2

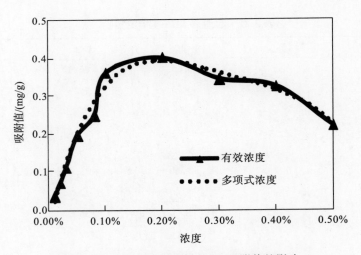

图 3-33　浓度对起泡剂 XHY-4 吸附值的影响

4. 矿化度对吸附的影响

　　用不同矿化度的模拟地层水配制 0.08％和 0.03％两个有效浓度的起泡剂溶液，进行矿化度作为影响因素的实验，其他实验条件不变。

　　结果表明，矿化度也不是影响岩心对起泡剂 XHY-4 吸附的主要因素。实验结果分别见表 3-23 和表 3-24，图 3-34 根据此二表数据绘制。

表 3-23　起泡剂 XHY-4 在有效浓度为 0.08%时，矿化度对起泡剂吸附量的影响

矿化度 /(mg/L)	溶液用量 /mL	岩心质量 /g	V_1/mL	V_2/mL	离心液用量 /mL	离心液浓度 /(mol/L)	岩心吸附 /(mg/g)
10000	5	4.9998	32.00	38.90	2.00	0.0001361	0.2639
27000	5	5.0002	0.00	8.80	2.00	0.0001735	0.2563
44400	5	4.9998	24.00	31.80	2.00	0.0001538	0.2603
53000	5	5.0005	9.00	16.20	2.00	0.0001420	0.2627
61610	5	5.0003	17.00	23.20	1.50	0.0001630	0.2584
78810	5	4.9998	16.00	23.50	2.00	0.0001479	0.2615
87410	5	4.9999	7.00	14.50	2.00	0.0001479	0.2615
96010	5	5.0004	10.50	11.30	1.50	0.0002103	0.2488
170000	5	5.0006	8.00	15.50	2.00	0.0001479	0.2615

注：温度为 80℃，岩心为 100~200 目，时间为 24 h，有效浓度为 0.08%，滴定用标准液为 0.00003944 mol/L，滴定前后氯化苄苏鎓溶液体积分别为 V_1、V_2

表 3-24　起泡剂 XHY-4 在有效浓度为 0.03%时，矿化度对起泡剂吸附量的影响

矿化度 /(mg/L)	溶液/mL	岩心质量 /g	V_1/mL	V_2/mL	离心液用量 /mL	离心液浓度 /(mol/L)	油砂吸附 /(mg/g)
10000	5	5	31.00	33.40	2.00	0.00004733	0.1105
27000	5	5	37.00	39.20	2.00	0.00004338	0.1113
44400	5	5	34.00	36.20	2.00	0.00004338	0.1113
53000	5	5	40.00	41.70	1.50	0.00004470	0.1110
61610	5	5	42.00	43.50	1.50	0.00003944	0.1121
78810	5	5	44.00	46.10	1.75	0.00004733	0.1105
87410	5	5	47.00	48.70	1.50	0.00004470	0.1110
96010	5	5	16.00	17.70	1.50	0.00004470	0.1110
170000	5	5	18.80	20.50	1.50	0.00004470	0.1110

注：温度为 80℃，岩心为 100~200 目，时间为 24 h，有效浓度为 0.03%，滴定用标准液为 0.00003944 mol/L，滴定前后氯化苄苏鎓溶液体积分别为 V_1、V_2

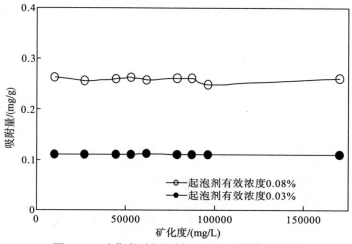

图 3-34　矿化度对起泡剂 XHY-4 吸附值的影响

综上可知：矿化度不是影响吸附的主要因素。浓度对吸附量有影响，且呈现在低浓度下吸附量小，随着浓度变大吸附量变大，当有效浓度为 0.20% 时，对应的岩心吸附最大，为 0.4028 mg/g。当有效浓度超过 0.20% 时，吸附曲线明显向下弯曲，即吸附量大幅度下降。这是因为在高浓度的表面活性剂溶液中存在着大量的胶束，这些胶束对岩石表面的油质具有增溶作用，从而将油质溶出并使之进入液相。实验中溶液离心后，上层清液在溶液浓度低时是无色的，随着溶液浓度的增大，上层清液由无色变为淡黄色，最后变为棕黄色，这与吸附等温线的降低趋势是相吻合的。

固液比对吸附量也有一定影响，当有效浓度为 0.03% 时，在固液比小于 1∶4 时，随着固液比的增加吸附量逐步增加，但达到 1∶4 以后吸附量基本不变，这说明达到了饱和吸附，此时起泡剂 XHY-4 的吸附量为 0.3023 mg/g。当有效浓度为 0.08% 时，起泡剂 XHY-4 的吸附量趋势呈先上升后下降，在固液比达到 1∶3 时达到最大值，此时吸附量为 0.3365 mg/g。在固液比 1∶3 后吸附曲线明显向下弯曲，即吸附量大幅度下降。

泡沫体系中岩石矿物对起泡剂 XHY-4 的吸附。在起泡剂起泡后，将 100~200 目岩砂浸入泡沫。由于起泡剂溶液，起泡后浓度会有一定程度的变化，且实验材料对其也有一定的吸附能力，故理应先做空白，再扣除空白影响后，才能得出真正的吸附的值。

表 3-25 做了一组空白实验，条件为：常温、起泡剂溶液体积为 50 mL，200 目的绦纶网格作为岩心载体，紫铜丝作为绦纶网子载体，搅拌时间 24 h，然后关掉搅拌器，这时泡沫完全浸没网格和固定网格的铜丝，采取 24 h 测定一个溶液中起泡剂 XHY-4 的浓度。

表 3-25　泡沫条件下，起泡剂吸附量实验结果

起泡剂溶液 /mL	氯化苄苏鎓溶液滴定前滴定管读数/mL	氯化苄苏鎓溶液滴定后滴定管读数/mL	氯化苄苏鎓消耗体积/mL
2.00	13.00	32.03	19.03
2.00	0.00	14.20	14.20
2.00	16.00	30.10	14.10
2.00	31.00	43.50	12.95
2.00	0.00	12.30	12.30
2.00	14.00	26.30	12.30
2.00	28.00	40.30	12.30
2.00	0.00	12.30	12.30
2.00	13.00	23.10	12.30

体系稳定后，加入 2.0018 g 岩砂于泡沫体系中，并用氯化苄苏鎓溶液滴定了起泡剂溶液下层溶液。消耗氯化苄苏鎓溶液体积为 0.65 mL，有下式：

$$p = \left[\frac{0.65 \times 0.00015}{2} \times (50 - 2 \times 7) \times 203 \right] / 2.0018 = 0.17797 \text{ mg/g}$$

式中：0.65——消耗的氯化苄苏鎓溶液体积，mL；

0.00015——氯化苄苏鎓溶液的浓度，mol/L；

$50 - 2 \times 7$——修正，因为从 50 mL 起泡剂溶液体系中取了 7 次 2 mL 用来滴定，mL；

203——阴离子表面活性的平均摩尔质量，g/mol；

2.0018——岩心质量，g。

可见在泡沫条件下，起泡剂的吸附量为 0.17797 mg/g，低于溶液条件下的吸附量 0.2487 mg/g，只有溶液条件下的 71.56%。

根据已有的研究结果，上述起泡剂的吸附滞留量较低。因此，可以满足油田实际需要。

3.5　小　　结

在鲁克沁油油藏条件（油层温度 80℃、地层水矿化度 160599 mg/L、原油地面黏度 268 mPa·s）下通过对起泡剂七种泡沫体征参数的研究，包括泡沫体积、泡沫半衰期 $t_{1/2}$、析液半衰期 $t'_{1/2}$、消泡时间、泡沫的视黏度、泡沫综合指数和泡沫特征值，得到适合此油藏条件的泡沫体系。最后确定稠油油藏最优泡沫驱油体系：有效浓度为 0.08% 的 XHY-4 ＋空气。此时其泡沫体积 650 mL、泡沫半衰期 559 s、析液半衰期 84 s、消泡时间 210 min、视黏度 749.8 mPa·s 和综合指数 363350 mL·s。

起泡剂 XHY-4 不仅在超低浓度（0.0001%）具有发泡能力，且泡沫具有理想的稳定性；同时其在高盐（160599 mg/L）条件下仍然具有较高的发泡能力（泡沫体积 650 mL）和较长的泡沫半衰期 $t_{1/2}$（84 s）；而在高压条件下，表征泡沫起泡性能发泡体积和稳定性能的泡沫半衰期 $t_{1/2}$ 随压力的上升而增高，有利于泡沫发泡及其稳定性。

起泡剂界面张力的数量级一致保持在 0.1~1 mN/m，虽未达到超低界面张力，但对降低界面张力有一定的作用。

第4章 空气泡沫提高稠油采收率实验

第3章室内静态实验测定了泡沫特征参数，但上述特征参数并不能完全表征泡沫驱油体系在孔隙介质中的渗流规律，所以为了进一步明确空气泡沫驱油技术是如何达到提高采收率的目的，同时选出针对稠油油藏条件的驱油体系，有必要进行岩心驱替实验进行更准确的评价。

本章利用岩心驱替实验充分模拟稠油油藏实际情况进行岩心驱替实验(包括单管岩心驱替实验和双岩心并联实验)，以准确研究起泡剂浓度、气液比、渗透率、驱替速度和含油饱和度对起泡能力、稳定性和驱油能力的影响，并通过双管岩心实验分析泡沫段塞对驱油效果的影响。

4.1 空气泡沫在多孔介质中的性能评价

阻力系数反映了泡沫体系的起泡能力及封堵能力，是评价泡沫体系改善流度比和降低油藏渗透率能力的技术指标之一，可作为室内筛选和评价泡沫体系的重要指标，对于现场方案设计和实施有着重要的意义。

为此本节利用单管岩心驱替实验研究气液比、渗透率、线速度和含油饱和度等因素对阻力系数的影响。

4.1.1 实验条件、仪器及方法

1. 实验条件

单管岩心驱替实验模拟油藏平均温度80℃，使用起泡剂为筛选出的最优起泡剂XHY-4，泡沫体系为空气＋0.10%XHY-4，实验用水为模拟油藏地层水和清水。

2. 实验仪器

实验岩心：自制填砂管模型 Φ50.8 mm×1300 mm(填砂管孔隙体积为700 mL，孔隙度为28.6%，渗透率为 $463×10^{-3}$ μm^2)如图4-1和图4-2所示；天然岩心：环氧树脂浇铸，Φ50 mm×324 mm，如图4-3所示。

平流泵：北京卫星制造厂，精度0.01 mL/min，最大压力25 MPa。

高压中间容器：江苏海安石油仪器厂，容积1000 mL，承受压力25 MPa。

手摇加压泵：江苏海安石油科研仪器有限公司。

高压空气瓶(或空气压缩机升压)：内充高压空气作气源。

压力表(量程 25 MPa、16 MPa 及 1 MPa)、回压阀、六通阀、高压管线、量筒若干等(200 mL 及 1000 mL)。

图 4-1　空气泡沫驱替恒温装置

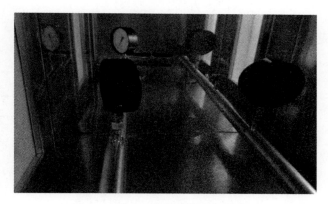

图 4-2　单、双管填砂模型实验装置

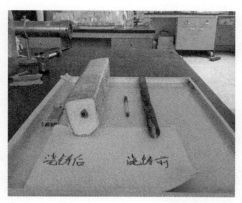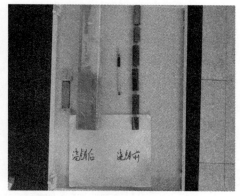

图 4-3　环氧树脂浇铸天然岩心

根据实验流程图 4-4 组装好填砂模型,并将模型抽真空至-720 mmHg,饱和地层水。以实验设计注入速度进行水驱,测定填砂模型渗透率、孔隙度,然后将起泡剂与空气交替注入填砂模型,形成空气泡沫体系进行空气泡沫驱。实时记录填砂管各处压力表读数。

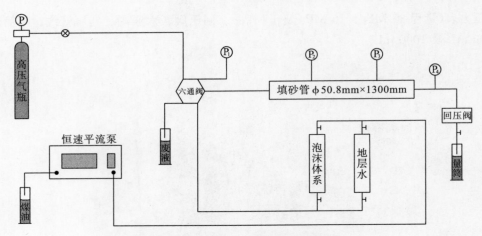

图 4-4　单管岩心驱替实验流程图

4.1.2　起泡剂有效浓度对阻力系数的影响

表 4-1 给出了起泡剂有效浓度对阻力系数影响的岩心驱替实验数据，图 4-5 为根据数据所绘曲线图。

表 4-1　有效浓度对泡沫渗流特性影响

起泡剂有效浓度/%	压力表 P_1/MPa	压力表 P_2/MPa	压力表 P_3/MPa	压力表 P_4/MPa
0.02	0.1	0.0	0.0	0.0
0.04	0.2	0.1	0.0	0.0
0.06	0.3	0.1	0.0	0.0
0.08	0.8	0.5	0.2	0.0
0.10	1.2	0.7	0.3	0.0

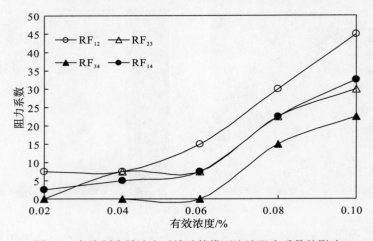

图 4-5　起泡剂有效浓度对填砂管模型泡沫阻力系数的影响

从表 4-1 和图 4-5 可知，当起泡剂有效浓度从 0.02％增加到 0.06％，阻力系数 RF_{12}、RF_{23}以及 RF_{14}略有小幅度上升。例如 RF_{12}由有效浓度为 0.02％时的 7.2 小幅增大到浓度为 0.06％时的 16.2；RF_{14} 由浓度为 0.02％时的 2.3 小幅增大到浓度为 0.06％时的 6.8。当起泡剂有效浓度从 0.06％增加到 0.10％，阻力系数 RF_{12}、RF_{23} 以及 RF_{14} 明显上升。例如 RF_{12} 由浓度为 0.06％时的 16.2 大幅度增大到浓度为 0.10％时的 45.7；RF_{14} 由浓度为 0.06％时的 6.8 急剧增大到浓度为 0.06％时的 31.4。这说明，当起泡剂有效浓度为 0.02％～0.06％时，空气泡沫的封堵作用不明显；当起泡剂有效浓度大于 0.06％后，阻力系数随有效浓度的增加快速变大，表明空气泡沫在填砂管中形成的泡沫体系具有理想的封堵作用。

　　而在填砂管最后一段即压力表 3 和压力表 4 之间，当起泡剂 XHY-4 有效浓度为 0.02％～0.06％，阻力系数 $RF_{34}=0$，说明该段岩心并没有泡沫形成。当 XHY-4 有效浓度≥0.06％时，阻力系数 RF_{34} 快速增加，说明该段岩心形成泡沫，且泡沫强度随着浓度的增高而增大。

　　为进一步研究有效浓度对阻力系数的影响，图 4-6 还给出了鲁克沁稠油油藏天然岩心关于起泡剂 XHY-4 有效浓度对阻力系数影响的实验结果。结果表明，起泡剂 XHY-4 有效浓度对阻力系数的影响与填砂管岩心的实验结果的趋势基本相同。当起泡剂 XHY-4 有效浓度从 0.02％逐渐增加到 0.06％，阻力系数 RF 略有上升。仅由浓度为 0.02％时的 9.1 小幅增大到浓度为 0.06％时的 25.2；XHY-4 有效浓度从 0.06％逐渐增加到 0.08％，阻力系数 RF 急剧上升。由浓度为 0.06％时的 25.2 迅速增大到浓度为 0.08％时的 53.0。

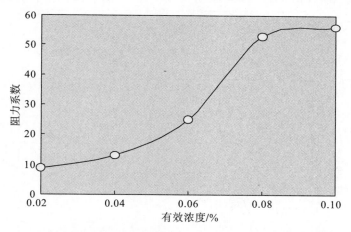

图 4-6　起泡剂有效浓度对鲁克沁油层天然岩心泡沫阻力系数的影响

　　所以为了确保空气泡沫体系在实际应用时能有效地起泡并保持泡沫的稳定性，选择的起泡剂浓度必须大于 0.06％。

4.1.3　气液比对阻力系数的影响

　　空气泡沫体系有空气和起泡液组成，所以体系中气体与液体所占组分大小也会影响泡沫的发泡能力及泡沫性能。为此，利用单管岩心驱替实验测定气液比对阻力系数的影响，实验数据如表 4-2 所示，同时图 4-7 为根据数据所绘曲线。

表 4-2   气液比对泡沫渗流特性影响

气液比	压力表 P_1/MPa	压力表 P_2/MPa	压力表 P_3/MPa	压力表 P_4/MPa
1.0∶1	1.2	0.7	0.3	0.0
1.2∶1	1.5	0.9	0.4	0.0
1.5∶1	1.3	0.8	0.4	0.0
2.0∶1	1.0	0.6	0.3	0.0
3.0∶1	0.7	0.4	0.2	0.0

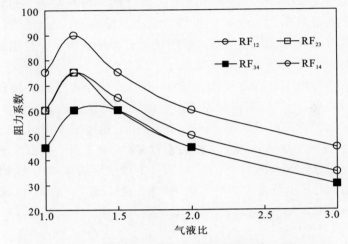

图 4-7   气液比对填砂管模型阻力系数的影响

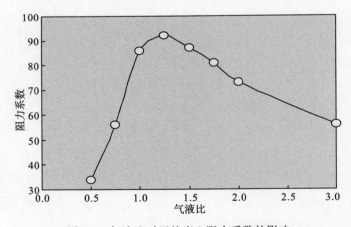

图 4-8   气液比对天然岩心阻力系数的影响

从图 4-7 可知，无论是 RF_{12}、RF_{23}、RF_{34} 还是 RF_{14} 曲线均为开口向下的抛物线，即阻力系数随气液比的增加先增大后变小，当气液比为 1.2∶1 时达到最大阻力系数，分别为 90.2、75.0、75.0 及 61.4。因为当气液比较小时，形成泡沫所需的气体数量不足，故泡沫体系泡沫体积较小，以致阻力系数低；随着气液比的增高，气体量变多，形成的泡沫体积也相应变大，阻力系数增大；但当进一步增大气液比，气体量超过起泡最大量，泡沫的平均液膜厚度变薄，稳定性变差，阻力系数开始变小。因而泡沫体系的阻力系数随着气液比的增大，达到最大值后，开始小幅度下降。所以空气泡沫驱稠油的最佳气液比为 1.2：1。

图 4-8 也给出了鲁克沁稠油油藏天然岩心关于气液比对 XHY-4 泡沫阻力系数影响的试验结果。结果与填砂管模型的趋势基本一致，但气液比的最佳范围略有差异，为 (1：1)～(1.5：1)。

4.1.4 渗透率对阻力系数的影响

前面的研究结果表明，泡沫具有"堵高不堵低"的作用和机理。由于鲁克沁油层非均质性严重，各层渗透率差异较大，泡沫的生成条件不同。因此，研究渗透率对阻力系数的影响具有重要的实际意义。

表 4-3 给出了不同岩心渗透率对泡沫阻力系数影响的试验结果并绘制成图 4-9。由图 4-9可知，随着岩心渗透率的增大，RF_{12}、RF_{23}、RF_{34} 及 RF_{14} 逐渐增大，进一步证明了泡沫具有"堵高不堵低"的作用和机理。

表 4-3 渗透率对渗流特性的影响

渗透率/10^{-3} μm^2	压力表 P_1/MPa	压力表 P_2/MPa	压力表 P_3/MPa	压力表 P_4/MPa
256	1.75	1.00	0.40	0.00
463	3.40	2.00	0.90	0.00
687	3.65	2.20	1.00	0.00
852	3.95	2.40	1.10	0.00

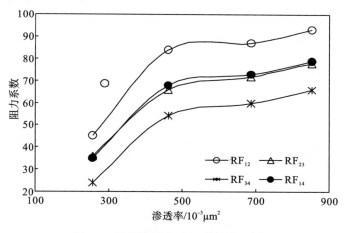

图 4-9 渗透率对泡沫阻力系数的影响

当渗透率为 256×10^{-3}～463×10^{-3} μm^2 时，随着渗透率的增加，阻力系数迅速增大。RF_{12}、RF_{23}、RF_{34} 及 RF_{14} 分别由 45.1、36.3、24.4 及 36.6 急剧上升到 83.2、66.6、52.2 及 67.3；当渗透率为 0.463～0.852 μm^2 时，随着渗透率的增加，阻力系数上升幅度较小，RF_{12}、RF_{23}、RF_{34} 及 RF_{14} 分别由 83.2、66.6、52.2 及 67.3 缓慢上升到 92.3、73.1、62.1 及 73.3。图中孤立的点是天然岩心渗透率对阻力系数的影响，天然岩心渗透率为 0.209 μm^2，阻力系数为 67，说明当起泡液在天然岩心中发泡能力强时所对应的渗

透率较人工石英砂的值小。

4.1.5　线速度对阻力系数的影响

对于泡沫驱提高采收率技术来说，在注入井近井地带、油层深部以及油井井底的流体渗流速度差异很大，而对于目的层的高渗透层和低渗透层因吸水量不同也将造成泡沫的渗流速度不同。因此，研究不同线速度对泡沫阻力系数的影响也具有重要的实际应用价值。

表 4-4 给出了填砂管模型泡沫驱线速度对压力及阻力系数影响的实验结果。图 4-10 是根据表 4-4 数据得到的阻力系数曲线。

结果表明，随着线速度的增加，空气泡沫的阻力系数先急剧变大后趋于平缓。表明线速度越高，起泡液的发泡能力越强。当线速度从 0.3 m/d 增加到 0.6 m/d，阻力系数 RF_{12} 缓慢增大，由 0.3 m/d 时的 8 增加到 0.6 m/d 时的 15；当线速度从 0.6 m/d 增加到 1.2 m/d，阻力系数急剧增大，由 0.6 m/d 时的 15 增加到 0.6 m/d 时的 73；当线速度从 1.2 m/d 增加到 3.0 m/d，阻力系数 RF_{12} 略有增加但基本保持在 80~90。对于阻力系数 RF_{23}、RF_{34} 及 RF_{14} 也有相同变化。

表 4-4　线速度对阻力系数的影响

线速度/(m/d)	压力表 P_1/MPa	压力表 P_2/MPa	压力表 P_3/MPa	压力表 P_4/MPa
0.3	0.3	0.2	0.1	0.0
0.6	0.4	0.2	0.1	0.0
0.9	1.5	0.8	0.3	0.0
1.2	2.3	1.3	0.5	0.0
2.0	2.7	1.6	0.7	0.0
3.0	3.0	1.8	0.8	0.0

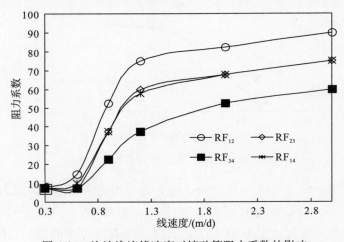

图 4-10　泡沫渗流线速度对填砂管阻力系数的影响

图 4-11 给出了天然岩心的线速度对阻力系数影响的试验结果。结果表明，随着线速度的增加，泡沫的阻力系数逐渐增大，与填砂管模型实验结果相似。当线速度从

0.31 m/d 增加到 0.52 m/d，阻力系数 RF 缓慢增大，由 0.31 m/d 时的 9 增加到 0.52 m/d 时的 16；当线速度从 0.52 m/d 增加到 1.0 m/d，阻力系数急剧增大，由 0.52 m/d 时的 16 增加到 1.0 m/d 时的 67；当线速度从 1.0 m/d 增加到 3.0 m/d，阻力系数 RF 略有增加，由 67.1 增加到 80.2。所以，天然岩心的临界起泡线速度也为 1.0 m/d。

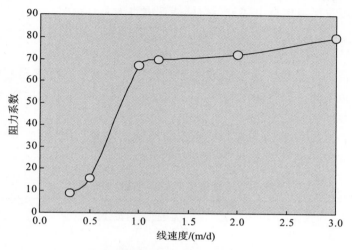

图 4-11　泡沫渗流线速度对天然岩心阻力系数的影响

4.1.6　线速度对起泡和消泡速度的影响

前面填砂管和天然岩心阻力系数试验结果表明，泡沫在孔隙介质中渗流时，后部或距离出口端的阻力系数有所降低。这表明泡沫的封堵能力有所降低。图 4-12 给出了泡沫渗流线速度压差梯度的影响，即间接反映了泡沫起泡速度与消泡速度的关系。ΔP_{12} 为填砂管上压力表 1 与压力表 2 之间的平均单位长度压差即压力梯度。同理，ΔP_{23}、ΔP_{34} 分别为压力表 2 与压力表 3、压力表 3 与压力表 4 之间的平均单位长度压差，ΔP_{14} 为整个填砂管的平均单位长度压差。

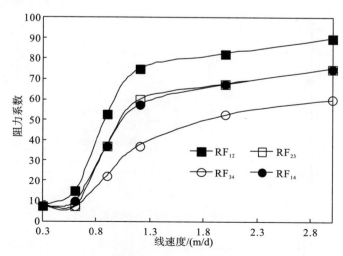

图 4-12　泡沫渗流线速度对泡沫驱压力梯度的影响

从图中可知，曲线的总体变化趋势是随着线速度的增加，泡沫的压力梯度增加，其上升趋势又分为三个阶段：缓慢上升阶段、急剧上升阶段以及缓慢上升。说明线速度越高，起泡液的发泡能力越强。渗流线速度在从 0.3 m/d 至 3 m/d 逐渐增大过程中，总有 $\Delta P_{12} > \Delta P_{23} > \Delta P_{34}$，即填砂管前端泡沫的封堵能力大于末端的泡沫的封堵能力，即起泡速度小于消泡速度。所以根据上述分析最佳线速度也为 1.0 m/d。

4.1.7　含油饱和度对阻力系数的影响

对于泡沫驱目的层来说，由于长期注水开发，高渗透层、低渗透层的吸水量不同，其水驱采出程度也不同，即含油饱和度不同。因此，研究含油饱和度对泡沫的阻力系数的影响也具有重要的实际意义。

表 4-5 给出了含油饱和度对阻力系数影响的试验结果，图 4-13 为绘制的阻力系数曲线。

表 4-5　含油饱和度对渗流特性的影响

含油饱和度/%	压力表 P_1/MPa	压力表 P_2/MPa	压力表 P_3/MPa	压力表 P_4/MPa
0	2.9	1.7	0.6	0.0
16	2.4	1.4	0.5	0.0
18	2.1	1.2	0.4	0.0
21	1.4	0.8	0.3	0.0
25	1.2	0.7	0.3	0.0
33	0.9	0.5	0.2	0.0
42	0.8	0.4	0.2	0.0
55	0.8	0.4	0.2	0.0

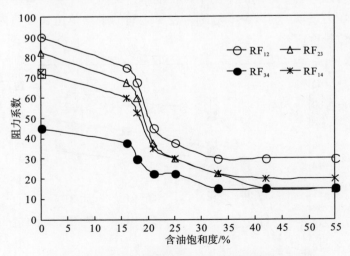

图 4-13　含油饱和度对阻力系数的影响

由图 4-13 可以看出，随着含油饱和度的增加，泡沫阻力系数逐渐降低，但不同的含油饱和度其降低幅度也不同。当含油饱和度为 0%～16% 时，随着含油饱和度的增高，阻力系数降低幅度中等。例如当含油饱和度从 0％增加至 16％时，阻力系数 RF_{14} 从 73 降低到 61，降低了 12。当含油饱和度为 16％～21％时，随着含油饱和度的增高，阻力系数降低幅度大于前一阶段。例如，RF_{14} 由含油饱和度为 16％时的 61 急剧降低到含油饱和度为 21％时的 38.3，降低了 22.3。当含油饱和度为 21％～33％时，随着含油饱和度的增高，阻力系数降低幅度与含油饱和度 0％～16％基本相同。当含油饱和度为 33％～55％时，随着含油饱和度的增加，阻力系数基本不再降低。例如阻力系数 RF_{14} 由含油饱和度 33％时的 24.0 降低到 55％的 22.6，仅降低了 1.4。所以，泡沫体系在孔隙介质中的临界起泡含油饱和度为 21％左右。

图 4-14 给出了含油饱和度对压力梯度影响的关系曲线，反映了含油饱和度对泡沫起泡消泡速度的影响。由图可见，曲线的总体变化趋势与含油饱和度对阻力系数影响的趋势相同。在含油饱和度从 0 逐渐增大至 55％的过程中，总是有 $\Delta P_{12} > \Delta P_{23} > \Delta P_{34}$，即填砂管前端的泡沫量大于末端的泡沫量，即起泡速度小于消泡速度。

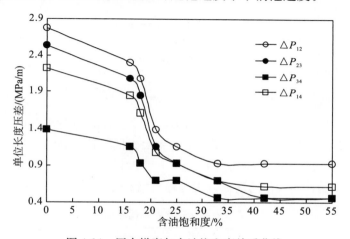

图 4-14　压力梯度与含油饱和度关系曲线

4.2　空气泡沫驱油效果评价

利用双管岩心驱替实验评价泡沫段塞大小对驱油效果的影响等。用不同目数的石英砂或者天然油砂制成四组不同渗透率的填砂管模型（Φ38 mm×2000 mm），参数见表 4-6。根据实验流程组装好填砂管模型，分别对两支填砂管饱和地层水，计算孔隙体积及孔隙度、测定渗透率，然后饱和原油，计算含油饱和度、孔隙度和原始含油饱和度；以一定的流速水驱至出口端综合含水率为 98％时停止水驱，然后以相同的方法及流速进行空气泡沫驱；记录实验时两端压差、出口端液量并计算水驱非均质模型的单管采收率和综合采收率。

其中 RF_{12} 为填砂管上压力表 1 与压力表 2 之间的填砂管阻力系数。同理，RF_{23}、RF_{34} 分别为压力表 2 与压力表 3、压力表 3 与压力表 4 之间的阻力系数，RF_{14} 为整个填砂管的阻力系数。

表 4-6　四组填砂模型（石英砂）参数表

组别	段塞	参数	渗透率/$10^{-3}\ \mu m^2$	孔隙度/%	原始含油饱和度/%
A1 组	0.1 PV	高渗管	2400	32.20	78.08
		低渗管	650	45.61	53.19
		平　均	1510	39.00	63.49
B1 组	0.2 PV	高渗管	3000	39.39	71.51
		低渗管	600	40.22	58.33
		平　均	1785	39.80	64.60
C1 组	0.3 PV	高渗管	3500	36.26	58.40
		低渗管	720	40.14	47.14
		平　均	1986	38.24	51.50
D1 组	0.4 PV	高渗管	3670	39.70	50.56
		低渗管	730	43.45	54.82
		平　均	2160	41.60	52.79

4.2.1　石英砂组驱油效果分析

对不同渗透率填砂管进行双管岩心实验，研究不同空气泡沫段塞的驱油效果，结果见表 4-7。从表中可知，随着注入段塞的增加，比水驱提高的平均采收率增加，但当注入段塞小于等于 0.2 PV 时，高渗管提高的采收率大于低渗管提高的采收率，而当注入段塞大于 0.2 PV 后，高渗管提高的采收率反而低于低渗管采收率。表明在高渗管内泡沫形成很高的封堵体系，随着注入量的增加，很好地封堵高渗层，启动低渗层。

表 4-7　填砂模型（石英砂）不同段塞驱油效果

组　别	段塞	参　数	采收率/%			采收率提高幅度/%
			水驱	空气泡沫驱	含水 98%	
A1 组	0.1 PV	高渗管	54.39	56.14	60.53	6.14
		低渗管	4.55	6.36	9.09	4.54
		平　均	29.91	31.70	35.27	5.36
B1 组	0.2 PV	高渗管	75.42	78.81	86.44	11.02
		低渗管	5.08	9.77	15.79	10.71
		平　均	42.07	46.08	52.94	10.87
C1 组	0.3 PV	高渗管	58.33	62.50	73.13	14.80
		低渗管	12.82	18.65	28.67	15.85
		平　均	36.85	41.80	52.15	15.30
D1 组	0.4 PV	高渗管	67.25	72.09	74.29	7.04
		低渗管	12.04	34.26	37.78	25.74
		平　均	37.29	51.56	54.47	17.18

　　图 4-15 为注入空气泡沫段塞 0.1 PV 时，随注入体积的增加填砂管含水率和采收率变化规律曲线。由图可知，含水率随注入体积的增加而上升，当注入体积达到 1.1 PV 水驱结束进行空气泡沫驱，此时含水率从 100％下降至最低值 87.88％，降低了 12.12％；结束空气泡沫驱后含水率开始缓慢上升，可见空气泡沫驱的见效时间从注入体积的 1.1 PV 持续到 1.6 PV。

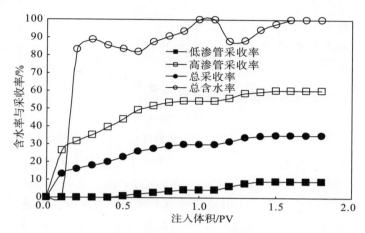

图 4-15　注入段塞 0.1 PV 时注入体积与采收率、含水率变化曲线

　　此时水驱采收率分别为低渗管 4.55％，高渗管 54.39％，综合采收率 29.91％；水驱结束后进行空气泡沫驱，采用气液交替注入，注入泡沫段塞 0.1 PV 后继续水驱，驱替结束后低渗管采收率 9.09％，高渗管采收率 60.53％，综合采收率 35.27％；空气泡沫驱后继续水驱至含水 98％，此时采收率低渗管 9.09％，高渗管 60.53％，综合采收率 35.27％。

　　所以，当注空气泡沫段塞 0.1 PV 时空气泡沫驱提高的采收率分别为低渗管 4.54％，高渗管 6.14％，最终采收率 5.36％。

　　图 4-16 为注入空气泡沫段塞 0.2 PV 时，随注入体积的增加填砂管含水率和采收率变化规律曲线。由图可知，含水率随注入体积的变化规律与注入段塞 0.1 PV 时大体相似，随注入体积的增加而上升。但当水驱结束进行空气泡沫驱时，含水率从 96.69％降低 21.69％至 75％，下降幅度大于注入段塞 0.1 PV 时；结束空气泡沫驱后继续水驱至注入体积 1.8 PV 时含水率缓慢上升到含水 98％，此时空气泡沫驱的见效时间从注入体积的 1.1 PV 持续到 1.8 PV。

　　整个驱油阶段水驱采收率低渗管 5.08％，高渗管 75.42％，综合采收率 42.07％；空气泡沫驱低渗管采收率 9.77％，高渗管采收率 78.81％，综合采收率 46.08％；空气泡沫驱后继续水驱至含水 98％，此时采收率低渗管 15.79％，高渗管 86.44％，综合采收率 52.94％。

　　所以，当注空气泡沫段塞 0.2 PV 时空气泡沫驱提高的采收率分别为低渗管 10.71％，高渗管 11.02％，最终采收率 10.87％。

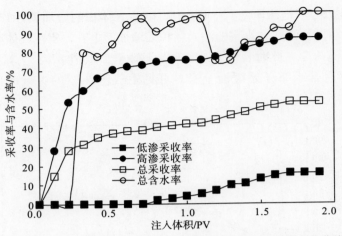

图 4-16　注入段塞 0.2 PV 时注入体积与采收率、含水率变化曲线

　　图 4-17 为注入空气泡沫段塞 0.3 PV 时，填砂管含水率和采收率随注入体积增加的变化规律曲线。由图可知，水驱阶段含水率随注入体积的变化规律与注入段塞 0.1 PV 和 0.2 PV 时大体相似，也是随注入体积的增加而上升。但当水驱结束进行空气泡沫驱后，含水率从 100%降低 16.62%至 84.38%，下降幅度大于注入段塞 0.1 PV 却小于 0.2 PV 时；并在注空气泡沫段塞 0.1 PV 后含水率开始缓慢上升，上升幅度较小且整个泡沫驱阶段一直低于 90%，最后含水率在注入体积 2.0 PV 时达到含水 100%。空气泡沫驱见效时间从 1.1 PV 持续到 2.0 PV。

　　整个驱油阶段水驱采收率低渗管 12.82%，高渗管 58.33%，综合采收率 36.85%；空气泡沫驱阶段低渗管采收率 18.65%，高渗管采收率 62.50%，综合采收率 41.80%；空气泡沫驱后继续水驱至含水 98%，此时采收率低渗管 28.67%，高渗管 73.13%，综合采收率 52.15%。

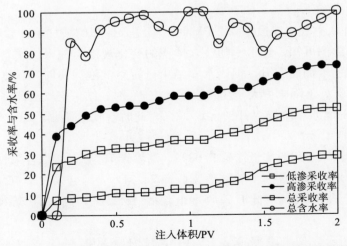

图 4-17　注入段塞 0.3 PV 时注入体积与采收率、含水率变化曲线

　　所以，当注空气泡沫段塞 0.3 PV 时空气泡沫驱提高的采收率分别为低渗管 15.85%，高渗管 14.80%，最终采收率 15.30%。

图 4-18 为注入空气泡沫段塞 0.4 PV 时，填砂管含水率和采收率随注入体积增加的变化规律曲线。由图可知，含水率随注入体积的变化规律与注入段塞 0.1 PV、0.2 PV 和 0.3 PV 时大体相似，均是随注入体积的增加先上升后降低再上升。当空气泡沫驱后，含水率从 94.92% 降低 41.98% 至 52.94%，下降幅度远远大于注入段塞 0.1 PV、0.2 PV 和 0.3 PV 时；并在注空气泡沫段塞 0.2 PV 后含水率开始缓慢上升，上升幅度较小且整个泡沫驱阶段一直低于 90%，最后含水率在注入体积 1.6 PV 时达到含水 98.88%。空气泡沫驱见效时间从 1.1 PV 持续到 1.6 PV。

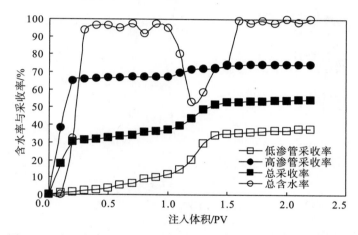

图 4-18 注入段塞 0.4 PV 时注入体积与采收率、含水率变化曲线

整个驱油阶段水驱采收率低渗管 12.04%，高渗管 67.25%，综合采收率 37.29%；空气泡沫驱阶段低渗管采收率 34.26%，高渗管采收率 72.09%，综合采收率 51.56%；空气泡沫驱后继续水驱至含水 98%，此时采收率低渗管 37.78%，高渗管 74.29%，综合采收率 54.47%。

所以，当注空气泡沫段塞 0.4 PV 时空气泡沫驱提高的采收率分别为低渗管 7.04%，高渗管 25.74%，最终采收率 17.18%。

通过分析石英砂组注入空气泡沫段塞从 0.1 PV 增加至 0.4 PV 的含水率、见效时间和采收率的数据可知，随着注入段塞的增加，注入泡沫后最低含水率下降从 0.1 PV 时的 87.88% 下降至 0.4 PV 时的 52.94%，可见空气泡沫大范围地降低了含水率上升率，而含水率下降幅度也从 12.12% 增加至 41.98%；此时低渗管提高的采收率从 0.1 PV 时的 4.54% 快速上升至 0.4 PV 时的 25.74%，增加了 21.20%，可见空气泡沫确实起到了堵大不堵小的作用，提高了低渗透层驱油效果；而随着段塞量的增加，提高的平均采收率也从 5.36% 升至 17.16%。

为了更加明确空气泡沫的堵大不堵小特性，特别研究了注空气泡沫时的高低渗管流量分配动态变化规律，以段塞 0.4 PV 为例，如图 4-19 所示。由图可知，在整个驱油过程中，高低渗填砂管的流量变化分别为：高渗管的流量由水驱结束时的 0.092 PV 逐渐下降，待注入体积为 1.4 PV 后高渗管不再出液体，后续的水驱过程才开始逐渐回复初始状态；而低渗管的流量则由水驱结束时的 0.008 PV 逐渐上升，在注入空气泡沫段塞后低渗管出液量急剧增加,待后续水驱过程又逐渐下降直至平衡。从曲线变化图还可得知,泡沫具有堵大不堵小的特性。因为泡沫属于非牛顿流体,具有剪切稀释性,表观黏度随剪切速率的增大而降低,在高渗层中孔隙截面积大,流速小,表观黏度大,而低渗层则相反,泡沫黏度较小,泡沫在注入后发生转向,主要向低渗层流去,增加低渗层的流量分配,扩大了波及体积。

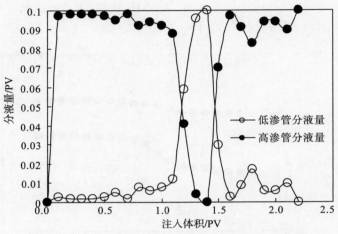

图 4-19　注入段塞 0.4 PV 时注入体积与分液量曲线

4.2.2　天然油砂组驱油效果分析

为进一步研究所选起泡剂在天然油砂模型上的驱油效果,使用下述方法进行天然油砂的试验研究,岩心参数如表 4-8 所示。天然油砂时空气泡沫驱油效果如表 4-9 所示。图 4-20～图 4-23 为各组驱油试验时含水率及采收率随注入体积变化的规律曲线。

表 4-8　四组填砂模型(天然油砂)实验参数表

天然油砂	段塞	参　数	渗透率/10^{-3} μm^2	孔隙度/%	原始含油饱和度/%
A2 组	0.1 PV	高渗管	1487	30.66	69.78
		低渗管	425	35.84	65.85
		平　均	1147	33.25	67.66
B2 组	0.2 PV	高渗管	1570	31.58	69.75
		低渗管	450	35.70	57.23
		平　均	1161	33.56	63.02
C2 组	0.3 PV	高渗管	1310	32.58	69.06
		低渗管	430	34.80	52.92
		平　均	957	33.70	60.03
D2 组	0.4 PV	高渗管	1640	35.60	67.63
		低渗管	410	33.78	51.70
		平　均	1230	34.69	59.04

表 4-9　填砂模型（天然油砂）驱油效果

组　别	段塞	参　数	采收率/%			提高采收率/%
			水　驱	泡沫驱	后续水驱	
A2 组	0.1 PV	高渗管	77.32	77.32	81.44	4.12
		低渗管	37.38	39.25	43.00	5.62
		平　均	56.37	57.35	61.27	4.90
B2 组	0.2 PV	高渗管	69.28	73.40	75.67	6.39
		低渗管	40.86	47.31	53.12	12.26
		平　均	55.37	60.63	64.63	9.26
C2 组	0.3 PV	高渗管	43.71	50.52	53.40	9.69
		低渗管	28.37	42.33	47.67	19.30
		平　均	36.50	46.67	50.71	14.21
D2 组	0.4 PV	高渗管	48.45	59.79	62.27	13.82
		低渗管	22.56	38.84	42.09	19.53
		平　均	36.28	49.95	52.79	16.51

图 4-20 为注入空气泡沫段塞为 0.1 PV 时采收率及含水率变化规律曲线。由图可知，水驱结束时 A2 组低渗管水驱采收率 37.38%，高渗管水驱采收率 77.32%，水驱综合采收率 56.37%；注空气泡沫 0.1 PV 后低渗管采收率 39.25%，高渗管采收率 77.32%，综合采收率 57.35%；当含水 98% 时低渗管采收率 43.00%，高渗管采收率 81.44%，综合采收率 61.27%。整个驱油过程低渗管提高采收率 5.62%，高渗管提高采收率 4.12%，最终采收率提高了 4.90%。

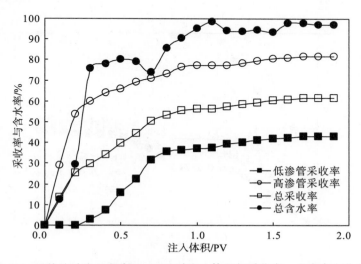

图 4-20　天然油砂注入段塞 0.1 PV 时注入体积与采收率、含水率变化曲线

图 4-21 为注入空气泡沫段塞为 0.2 PV 时采收率及含水率变化规律曲线。由图可知，水驱结束时 B2 组低渗管水驱采收率 40.86%，高渗管水驱采收率 69.28%，水驱综合采

收率 55.37％；注空气泡沫 0.2 PV 后低渗管采收率 47.31％，高渗管采收率 73.40％，综合采收率 60.63％；当含水 98％时低渗管采收率 53.12％，高渗管采收率 75.67％，综合采收率 64.63％。整个驱油过程低渗管提高采收率 6.39％，高渗管提高采收率 12.26％，最终采收率提高了 9.26％。

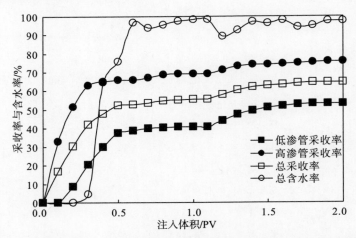

图 4-21   天然油砂注入段塞 0.2 PV 时注入体积与采收率、含水率变化曲线

图 4-22 为注入空气泡沫段塞为 0.3 PV 时采收率及含水率变化规律曲线。由图可知，水驱结束时 C2 组低渗管水驱采收率 28.37％，高渗管水驱采收率 43.71％，水驱综合采收率 36.50％；注空气泡沫 0.3 PV 后低渗管采收率 42.33％，高渗管采收率 50.52％，综合采收率 46.67％；当含水 98％时低渗管采收率 47.67％，高渗管采收率 53.40％，综合采收率 50.71％。整个驱油过程低渗管提高采收率 9.69％，高渗管提高采收率 19.30％，最终采收率提高了 14.21％。

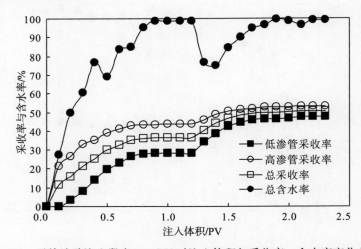

图 4-22   天然油砂注入段塞 0.3 PV 时注入体积与采收率、含水率变化曲线

图 4-23 为注入空气泡沫段塞为 0.4 PV 时采收率及含水率变化规律曲线。由图可知，水驱结束时 D2 组低渗管水驱采收率 22.56％，高渗管水驱采收率 48.45％，水驱综合采收

收率 36.28%；注空气泡沫 0.4 PV 后低渗管采收率 38.84%，高渗管采收率 59.79%，综合采收率 49.95%；当含水 98% 时低渗管采收率 42.09%，高渗管采收率 62.27%，综合采收率 52.79%。整个驱油过程低渗管提高采收率 19.53%，高渗管提高采收率 13.82%，最终采收率提高了 16.51%。

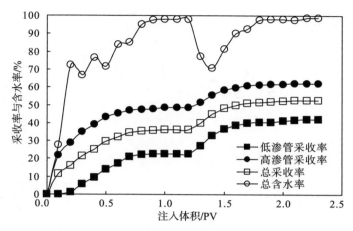

图 4-23　天然油砂注入段塞 0.4 PV 时注入体积与采收率、含水率变化曲线

图 4-21～图 4-23 研究了天然油砂时不同注入段塞量的含水率和采收率变化趋势。由图可知，随着注入段塞的增加，含水率降低幅度从 0.1 PV 时的 4.88% 增加到 0.4 PV 时的 27.09%，变化趋势与填砂管模型类似。同样的其采收率变化也大体一致。为了多角度分析空气泡沫驱油效果，特别研究了天然油砂情况下的分流量、采出水矿化度和注入压力等随注入体积的变化趋势。

图 4-24 和图 4-25 是 0.3 PV 和 0.4 PV 时天然油砂模型的流量分配动态变化规律图。从图 4-24 可知，注入段塞 0.3 PV 时高渗管和低渗管在 0.1 PV 内平均分流量为 0.080 PV 和 0.020 PV 左右。注入水主要在高渗管形成窜流通道，低渗管分流量相对较低。随着泡沫的注入，高低渗管的分流量差异进一步减小，当注入泡沫达到 0.20 PV 后，高低渗管的分流量开始出现交叉，即低渗管的分流量高于高渗管的分流量，这是由于高渗管在前面的水驱之后，剩余含油饱和度较低，在高渗管形成了相对稳定的泡沫，增加了渗流阻力。而低渗管由于含油饱和度较高，基本不形成泡沫，泡沫在高低渗管的分流量差异减小；当泡沫在高渗管形成的渗流阻力大于低渗管时，就出现低渗管分流量大于高渗管的现象；随后的水驱过程，高渗管的泡沫逐渐破灭，渗流阻力减小，高渗管的分流量又逐渐上升。上述分流量交叉的现象侧面反映出高低渗管的渗透率极差不太大。

图 4-25 表明，注入段塞 0.4 PV 时，水驱阶段的高渗管和低渗管在 0.1 PV 内平均分流量为 0.085 PV 和 0.015 PV 左右。随着泡沫的注入，高低渗管的分流量差异进一步减小，分流量曲线逐渐靠近，流度差异最小时高低渗管的分流量分别为 0.052 PV 和 0.048 PV，泡沫在高低渗管中基本以等流度的状态运移。可见，对于 C2 和 D2 两组实验泡沫均在高渗层形成有效的封堵。

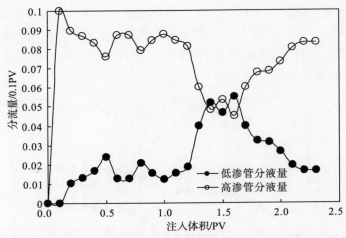

图 4-24　天然油砂注入段塞 0.3 PV 时注入体积与分液量变化曲线

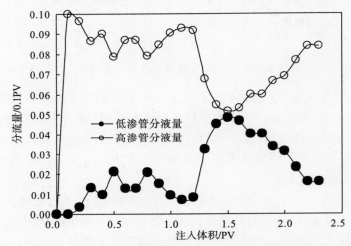

图 4-25　天然油砂注入段塞 0.4 PV 时注入体积与分液量变化曲线

图 4-26 给出天然油砂注入段塞 0.4 PV 时的产出水总矿化度与氯离子浓度变化曲线。图中高渗管总矿化度与氯离子浓度变化趋势大致相同，低渗管总矿化度与氯离子浓度变化趋势也相似。对于高渗管，当进行泡沫驱时总矿化度和氯离子浓度由 81210 mg/L 和 49130 mg/L 分别提高至最大值 88440 mg/L 和 53515 mg/L。当注入体积为 1.8 PV 时，高渗管总矿化度和氯离子浓度保持不变，趋于注入水离子浓度，表明空气泡沫驱时高渗管深部地层水被驱出。

低渗管因为水驱时注入水进入管内的体积少，所以地层水含量较高。当注入体积为 1.1 PV 时，低渗管的总矿化度与氯离子浓度值高，分别为 119804 mg/L 和 72488 mg/L。随着空气泡沫驱的进行，低渗管的分流量加大，大幅度稀释地层水。当注入体积为 1.6 PV 时，采出水的总矿化度和氯离子浓度趋于注入水浓度。当注入体积为 1.8 PV 时，低渗管中的总矿化度和氯离子浓度逐步上升，至 2.0 PV 时分别达到最高值 88449 mg/L 和 53520 mg/L。注入体积大于 2.1 PV 后，趋于注入水浓度，表明低渗管在后续水驱时才驱替出深部地层水。

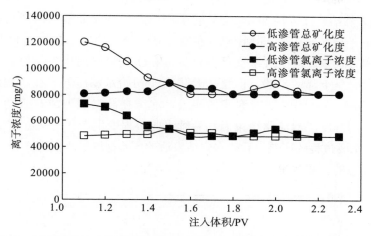

图 4-26　天然油砂注入段塞 0.4 PV 时产出水总矿化度与氯离子浓度变化曲线

值得注意的是，由于低渗管在水驱时较高渗管分流量少，地层水占管内百分比高，所以后续水驱时，其矿化度和氯离子浓度高于高渗管，并且在后续水驱时总矿化度和氯离子浓度升高点晚于高渗管。这表明层间非均质性对水驱效果影响大。而空气泡沫驱后，高渗管、低渗管的总矿化度和氯离子浓度均有上生趋势，表明空气泡沫驱对深层调水有重要作用。

图 4-27 给出了天然油砂注入段塞 0.4 PV 时产出水起泡剂浓度变化曲线。由图可知，高渗管中起泡剂浓度均高于低渗管中起泡剂浓度，两条曲线为开口向下的凸函数曲线。其中，注入体积为 1.6 PV 时，高渗管产出水起泡剂浓度达最高值为 102 mg/L；注入体积为 1.7 PV 时，低渗管产出水起泡剂浓度达最高值为 62 mg/L。由于高渗管注入的起泡剂体积（0.135 PV）大于低渗管起泡剂体积（0.065 PV），故产出较多起泡剂。

产出水中含有起泡剂 53.32 PV·mg/L，而注入起泡剂的总量为 200 PV·mg/L，即采出水中含 26.66%，有 73.34% 在双管内。这表明有大量的起泡剂并未随注入水产出而产出，而是留在管内，一方面是因为起泡剂被天然油砂吸附所致，另一方面是因为起泡剂不但的发泡形成泡沫留在管内。

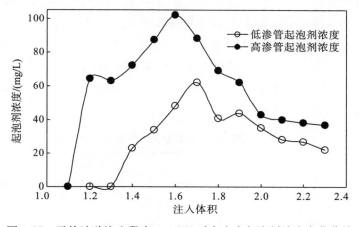

图 4-27　天然油砂注入段塞 0.4 PV 时产出水起泡剂浓度变化曲线

图 4-28 为天然油砂注入段塞 0.4 PV 时生产压差的变化曲线。由图可知，水驱阶段的压力梯度较小，基本处在 0.05 MPa/m 左右且其值相对稳定。在注水 1.2 PV 后进行空气泡沫驱，注入方式采取的是气液交替。可见，在注气阶段内压力是急剧上升的，而注液过程中压力又是呈下降的趋势，但是压差仍大于初始水驱压差。在注泡沫阶段，最高压差达到 0.75 MPa/m，可见随着泡沫的注入，泡沫在高渗层形成有效的封堵，提高低渗层剩余油的动用程度。泡沫驱结束后，后续水驱过程中生产压差又逐渐呈下降的趋势，但仍旧大于初始水驱过程的压差，后续水驱结束后的压差梯度最小值为 0.25 MPa/m。说明泡沫驱起到了理想的调驱效果。

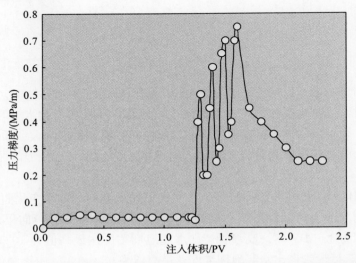

图 4-28　天然油砂注入段塞 0.4 PV 时注入体积与生产压力变化曲线

4.2.3　石英砂与天然油砂组驱油效果对比

通过石英砂和天然油砂两组实验，从表 4-10 和图 4-29 可知，在相同的泡沫段塞下石英砂比水驱提高的采收率要略大于天然油砂。主要原因是天然油砂对表面活性剂的吸附量要大于石英砂的吸附量，在起泡剂剂进入地层之后，浓度降低从而导致泡沫性能下降。同时从图中的两条曲线还可以看出，不管是石英砂还是天然油砂，空气泡沫驱提高的采收率均随着注入泡沫段塞大小呈现逐渐上升的趋势。在 0.1~0.3 PV，提高的采收率基本呈正比关系增加；而在 0.3~0.4 PV，提高的采收率增加趋势变缓。表明当注入段塞小于 0.3 PV 时，段塞大小对采收率的影响较大；当段塞大于 0.3 PV 后，段塞的大小对采收率影响相对减少。

表 4-10　石英砂与天然油砂比水驱提高采收率表

段塞/PV	比水驱提高采收率/%	
	石英砂	天然油砂
0.1	5.36	4.90
0.2	10.87	9.26

续表

段塞/PV	比水驱提高采收率/%	
	石英砂	天然油砂
0.3	15.30	14.21
0.4	17.18	16.51

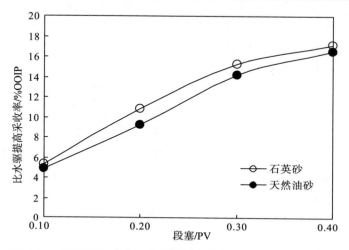

图 4-29　石英砂与天然油砂对不同度段塞泡沫驱采收率的影响

4.2.4　起泡液与泡沫段塞驱油效果分析

第 3 章研究表明，起泡剂在本质上是一种表面活性剂，即起泡液实际上是表面活性剂水溶液，而油水界面张力测定结果表明，鲁克沁原油与起泡液的界面张力为 0.1～1 mN/m，远远小于不含起泡剂时的 10^1 mN/m 数量级。也就是说，起泡液与原油的界面张力仅是地层水与原油界面张力的 1/100 左右，具有一定降低残余油毛管阻力、提高驱油效率的作用。为此，特研究起泡液段塞和泡沫段塞驱油效果对比分析。

表 4-11 分别给出了注入 0.15 PV 及 0.30 PV 起泡液（单一表面活性剂水溶液）的驱油效果以及相同段塞条件下泡沫段塞（气液比为 1.2∶1）的驱油效果。

表 4-11　段塞为 0.15 PV 及 0.30 PV 时，起泡液与泡沫驱油效果对比

序号	含油饱和度/%	水驱采出程度/%	比水驱提高采收率/%OOIP			
			起泡液（活性水）驱段塞/PV		泡沫驱段塞/PV	
			0.15	0.30	0.15	0.30
1	68.9	35.56	2.35	3.46	4.56	7.02
2	68.2	36.44	3.04	4.10	4.19	6.78
3	70.1	35.78	2.12	2.88	3.98	7.32
平均	69.1	35.93	2.50	3.48	4.24	7.04

从上表可知，在相同段塞条件下，空气泡沫驱提高的采收率值高于单一发泡液水溶液驱的驱油效果。说明即使是相对均质的天然岩心，由于空气泡沫的高黏度特性改善了

孔隙介质的微观波及效率，其提高的采收率高于单一发泡液水溶液驱的驱油效果。

4.3 小　结

通过单管驱替实验得到，适合鲁克沁稠油油藏的起泡剂为有效浓度 0.08% 的气液比 1.2：1 的 XHY-4；当填砂管渗透率 $>463 \times 10^{-3} \mu m^2$ 后，渗透率对阻力系数影响较小，表明渗透率对泡沫性能影响较小；研究同时表明泡沫体系的临界起泡渗流速度在 0.7 m/d 左右，临界起泡含油饱和度在 21% 左右。

通过非均质油藏模型驱替实验，空气泡沫驱采收率在水驱的基础上有明显提高的趋势，其中在低渗管上采收率增加的幅度比较大。在经历空气泡沫驱后，低渗管的分流量相对水驱过程也有增加的趋势，改善了其驱油效果。

实验结果表明天然油砂与石英砂填充模型驱油效果接近，室内评价实验可靠性高；空气泡沫驱能较好地封堵高渗层和大孔道的作用，可以改善高低渗油层的分流量；以采收率曲线随着段塞增大开始变缓慢时对应的泡沫注入量为 0.3 PV；天然岩心驱油效果对比试验结果表明，鲁克沁油田发泡液活性水驱的驱油效果较相同段塞条件下泡沫驱低。段塞为 0.15 PV 及 0.30 PV 时对应的发泡液采收率及泡沫驱采收率分别为 2.50%、3.48%、4.24% 及 7.04%。

第5章 空气泡沫驱方案设计

5.1 鲁克沁稠油油藏地质特征

5.1.1 油田概况

鲁克沁油田位于新疆维吾尔自治区鄯善县境内，南距鲁克沁乡约 8 km，北侧紧邻陡峻的火焰山，构造位置位于吐哈盆地吐鲁番坳陷台南凹陷鲁克沁构造带上。鲁克沁构造带分为东、中、西、北四个区，主要目的层为三叠系克拉玛依组，油藏埋深 2800～2900 m，中、西区为边底水超深层普通稠油油藏。试验区选择鲁克沁油田中区玉东井区。

5.1.2 油藏地质特征

1. 油层特征

油藏开采层位三叠系克拉玛依组二段，发育五个砂岩组，具有明显的正旋回特征，其下部均为岩性较粗的砂砾岩和砂岩沉积，上部皆发育有稳定的深灰色、灰色泥岩沉积，每个砂岩组顶部发育的泥岩沉积顶部界面，可作为各砂组底部的分界，其中Ⅰ、Ⅱ油组之间的泥岩段、Ⅰ油组各砂组的泥岩段及Ⅱ油组 1、2 砂组泥岩段分布稳定。

2. 物性特征

鲁克沁中区克拉玛依组油藏储层总体属于中高孔中高渗储层。各井、各砂组岩心分析的平均孔隙度，多数在 20％以上，最高可达 29％；平均渗透率多数在 100×10^{-3} μm^2 以上，最高可达 2500×10^{-3} μm^2。所选储层平均孔隙度 24％，平均渗透率 460×10^{-3} μm^2，原始地层压力 27 MPa，地层温度 77～82℃。

3. 流体特征

地面原油具有高密度、高黏度、高凝固点、高非烃含量和中等含蜡量等特点。地层水矿化度 128609.5 mg/L，油藏温度条件下黏度 0.70 mPa·s，密度 1.06 g/cm³，室温下地层水的黏度是 1.56 mPa·s，密度为 1.091 g/cm³。岩石密度 2.5 g/cm³，有效覆压为 40 MPa。表 5-1 给出了玉东 2 井产出水的离子组成。

表 5-1　中区玉东 2 井 T_2k 层位水分析数据表

离子	Na^+、K^+	Ca^{2+}	Mg^{2+}	Cl^-	SO_4^{2-}	HCO_3^-	总矿化度	水型
含量/(mg/L)	53090	7416	1204	97400	1224	265	160599	$CaCl_2$

5.1.3　勘探开发历程与现状

试验区位于玉东区块玉东 203 井区,面积 1.3 km²,地质储量 896×10⁴ t,平均厚度 52.4 m,原始含油饱和度 63%。气水交替井共计 14 口,分别为:YD204-34、玉东 204-36、YD204-18、YD203、YD 平 3-5、YD3-4、YD204-19、YD3-11、YD3-2、YD2-42、YD2-37、YD2-6、YD201X 及 YD3-65 井。采油井共计 38 口,分别为:YD3-10、YD 平 15、YD204-17、YD2-48、YDP13、YD2-132、YD2-63、YD2-36、YD204-38、YDP2、YD2-122、YD3-6、YD2-41、YD204-39、YD204-35、YD2-43、YD2-113、YD2-120、YD 平 3、YD2-130、YD2-124、YD2-44、YD2-49、YD3-9、YD2-121、YD3-13、YD2-131、YD2-40、YD204-32、YD2-123、YD204-31、YD2-125、YD2-126、YD2-75、YD2-66、YD2-70、YD2-71、YD204-37 和 YD204-7。试验区目前油井开井 41 口,日产油 220 t/d,综合含水 62.2%,累计产油 46.24×10⁴ t,采出程度 5.16%。水井开井 12 口,日注水 456 m³,累计注水 58.07×10⁴ m³,累计注采比 0.71。数据见表 5-2。

表 5-2　气水交替驱试验区开发数据(2012 年 5 月)

类　别	数　据	类　别	数　据
地质储量/10⁴ t	896	水井总数/口	12
油井总数/口	42	水井开井数/口	12
油井开井数/口	41	日注水/m³	456
日产油/t	220	单井日注水/m³	38
单井日产油/t	5.4	累计注水/10⁴ m³	58.07
累计产油/10⁴ t	46.24	年注采比	0.82
日产液/t	583	累计注采比	0.71
单井日产液/t	14.2	采油速度/%	0.89
累计产油液/10⁴ t	78.83	采出程度/%	5.16
综合含水/%	62.23	地下亏空/10⁴ m³	−23.9

从 1998 年 4 月开始试采,2000 年之后采油井逐步增加,日产油逐年上升,综合含水从 2008 年底逐渐呈上升趋势,目前含水 62.23%。目前采油井日产油为 1.0~12 t/d,日产油大于 8 吨的井有 9 口,日产油为 4~8 t/d 的有 16 口,日产油小于 4 t/d 的井有 16 口;单井含水为 30%~90%,单井累计产油为 0.3×10⁴~4.9×10⁴ t,生产状况良好。14 口气水交替井目前有 11 口井在注水,3 口井在采油,需转注。注水井单井累计注水为 0.73×10⁴~11.3×10⁴ m³,视吸水指数为 1.25~5.2 m³/(d·MPa),平均 3 m³/(d·MPa)。试验区上油层油藏压力为 24~26 MPa,下油层油藏压力为 26~27 MPa。

5.2　油藏地质模型

5.2.1　储层地质建模的原则

1. 确定性建模与随机建模相结合的原则

确定性建模是根据确定性资料，推测出井间确定的、惟一的储层特征分布。而随机建模是对井间未知区应用随机模拟方法建立可选的、等概率的储层地质模型。应用随机建模方法可建立一簇等概率的储层三维模型，因而可评价储层的不确定性，进一步把握井间储层的变化。在实际建模的过程中，为了尽量降低模型中的不确定性，应尽量应用确定性信息来限定随机建模的过程，这就是随机建模与确定性建模相结合的建模思路。

2. 等时建模原则

沉积地质体是在不同的时间段形成的。为了提高建模精度，在建模过程中应进行等时地质约束，即应用高分辨率层序地层学原理确定等时界面，并利用等时界面将沉积体划分为若干等时层。在建模时，按层建模，然后再将其组合为统一的三维沉积模型。同时，针对不同的等时层输入反映各自地质特征不同的建模参数，这样可使所建模型能更客观地反映地质实际。

3. 相控储层建模原则

相控建模，即首先建立沉积相(岩相)、储层结构或流动单元模型，然后根据不同沉积相(储层类型或流动单元)的储层参数定量分布规律，分相(储层类型或流动单元)进行井间插值或随机模拟，进而建立储层参数分布模型。

5.2.2　储层地质建模的方法

1. 确定性建模方法

确定性建模方法认为所得出的内插、外推估计值是唯一解，具有确定性。如传统的加权平均法、差分法、样条函数法、趋势面法以及目前很流行的克立金法等方法都属于这一类建模方法。目前常用的确定性建模方法主要有以下几种：

(1)储层地震学法

储层地震学法主要是应用地震资料研究储层的几何形态、岩性及参数的分布，即从已知井点出发，应用地震横向预测技术进行井间参数预测，并建立储层的三维地质模型。

(2)储层沉积学法

储层沉积学法主要是在高分辨率等时地层对比及沉积模式基础上，通过井间储层对比建立储层结构模型。

（3）克立金法

克立金法是以"区域化变量理论"为理论基础，以变差函数为工具的一种井间插值方法。该方法与传统的其他插值方法相比，具有以下特点：①克立金法不仅考虑已知点与待估点的影响，而且也考虑已知点之间的相互影响，即强调数据构形的作用。不同位置相互影响大小是用协方差（或变异函数）来定量描述的；②克立金法是严格内插方法；③克立金法是一种无偏（估计值的均值与观测值的均值相同）、最优（估计方差最小）的估值方法。

除了上述三种确定性建模方法外，还可以利用水平井资料和露头资料建立确定的、精细的地质模型。水平井资料由于资料较少，目前只能用来作为一种辅助手段。露头研究作为储层精细描述和建模的主要方法和手段之一，越来越受到油田地质工作者的高度重视。特别是油田开发的中后期，随着油田含水的不断上升，人们越来越意识到要想对储层井间进行精确的预测，必须建立比开发井网数据点更加密集的地质原型模型和地质知识库，并根据沉积储层各项属性的地质统计特征，总结出一套精确的储层预测方法。要达到这样的目的只有研究具有相同沉积类型的野外露头，由此得到比密井网更加精确的地质知识以及相应的储层预测方法。

2. 随机建模方法

随机模拟方法很多，总体可分为两大类：基于目标的随机模拟和基于像元的随机模拟。前者主要为标点过程（布尔模型），而基于像元的随机模拟包括高斯模拟、截断高斯模拟、指示模拟、分形随机模拟、马尔柯夫随机域以及二点直方图。在诸多方法中，用于沉积相随机模拟的方法主要有标点过程、截断高斯域、序贯指示模拟等。哪种方法适合于本区储层的建模呢？这里首先对相关方法进行介绍，然后通过理论分析优选合适的方法。

（1）布尔模拟方法

布尔模拟方法是随机模拟方法中最简单的一种方法，属于非条件模拟。目前该方法主要用于建立离散型模型，如储层格架平面、剖面或者三维空间分布模型。因此，这种模拟可以用于模拟砂体在空间的形态、大小、位置和排列方式。布尔模拟能够忠实某种离散参数的地质形态，如河道、沉积砂体等。该方法的主要优点是：①易于二维和三维建模；②所用的参数较少；③非常灵活。

它的主要缺点在于统计推导复杂且困难，模拟结果很难忠实于局部的数据，如钻井所遇到的岩相序列，这些缺点限制了这一方法更广泛的应用。

（2）序贯高斯模拟方法

序贯高斯模拟方法用于模拟连续的地质现象，如孔隙度、渗透率的分布。序贯高斯模拟的主要优点在于：① 数据的条件化是模拟的一个整体部分，无需作为一个单独的步骤进行处理；② 自动地处理各向异性问题；③ 适合于任意类型的协方差函数；④ 运行过程中仅需要一个有效的克立金算法。

它的主要缺点在于变量分布要求服从高斯分布。

（3）序贯指示模拟方法

既可用于模拟连续的变量，也可用于模拟离散变量。序贯指示模拟的主要优点在于：

①变量的分布形态无需作任何假设；②可以容易地综合多种来源、定性或定量、可靠性不同的信息。主要缺点是算法和参数灵活性太大，人为因素很明显。

（4）截断高斯模拟

截断高斯模拟属于离散随机模型，其基本模拟思路是通过一系列门槛值截断规则网格中的三维连续变量而建立离散物体的三维分布。在截断高斯模拟中，有两个关键步骤，首先是建立三维连续变量的分布，然后通过门槛值及门槛规则对连续变量分布进行截断，以获得离散物体的模拟实现。连续三维变量分布是通过高斯域模型来建立的，其中连续变量（如粒度中值）首先转换成高斯分布（正态分布），然后通过变差函数模型，应用任一连续高斯域模拟方法建立三维连续变量的分布。

（5）分形模拟

分形模拟的最大特点是其自相似性，即局部与整体相似。在数据点较少时，更能体现其优越性。它既可用于模拟连续变量的特征，也可用于模拟天然裂缝的分布模式，但更多用于模拟孔、渗参数的空间变化。分形模拟具有运算速度快的优点，但它也具有要求模拟变量具有分形特征，难以考虑间接信息的缺点。

（6）模拟退火

模拟退火是一种灵活、适应性好的优化算法，适于模拟连续或离散变量的特征。主要优点在于：① 该法可以很好地保持数据所反映的空间结构，即实验变差函数；② 综合利用各种来源信息能力强；③ 模拟重现实验样品非均质性的效果好。这种算法灵活性大，但缺点是计算量大，收敛速度慢。

根据上述各方法的优缺点，结合国内其他人的研究成果，表 5-3 对目前常见的几种建模方法进行了对比评价，归纳总结出了各方法的适用条件以及优缺点。

表 5-3　各种随机建模方法的比较

随机方法		变量类型	适用条件	优　点	缺　点
布尔类型		离散型	可以重复而易描述的形状	原理简单，计算量小	很难忠实于具体位置的信息，不能反映砂体内部非均质性
高斯类型	序贯高斯模拟	连续	变量必须是正太或多元正态分布	计算速度快，数学上具有一致性	很难考虑间接信息，要求变量服从正态分布
	截断高斯模拟	离散			
指示类型		连续和离散	没有具体要求	能综合各种信息的最灵活的随机建模方法	计算量大，需要推断很多协方差函数，不能忠实试井资料
模拟退火		连续和离散	要构造目标函数	能综合各种信息	计算量大，不易收敛
分型类型		连续	变量具分形特征	快速和经验型强	难考虑间接信息
其他	转向带法	连续	模拟节点数目小	易于执行，能够处理任一类型的协方差函数和各向异性	处理节点数受计算机内存的限制
	LU 分解法	连续	非条件模拟	进行三维非条件模拟十分快捷有效	用它进行条件模拟速度慢，步骤繁琐

5.2.3 三维构造模型的建立

油气藏构造建模工作是建立在准确进行地层对比的基础之上的。油气藏构造建模通常包括两个主要部分，即地层层面建模和断层建模，本次建模试验区内发育大量的正断层，因此首先要根据地震解释的断层线进行断层建模，在断层建模的基础上根据测井解释的地质分层建立地层层面模型。地层格架模型采用确定性建模方法，地层格架模型是由坐标数据、分层数据建立的叠合层面模型，即首先通过插值法，形成各个等时层的顶、底层面模型（即层面构造模型），然后根据地质研究得出的地层组合方式，将各个层面模型进行空间整合，建立油气藏构造模型。

1. 断层建模

在建模软件中，根据从砂岩油藏顶面构造图、砾岩油藏顶面构造图数字化出来的断层数据，建立断层线，通过分析断层的平面分布位置及产状，对断层进行定义。对定义好的断层作三维网格化处理，建立起符合地质实际的断层分布模型。

2. 构造层面建模

构造层面模型的建立是以测井地质分层数据为依据，在断层建模的基础上，利用普通克立金插值方法建立起来的。

5.2.4 属性参数建模

储层属性参数分布模型的建立主要包括孔隙度分布模型、渗透率分布模型和流体饱和度分布模型。储层属性参数模型的建立分三步完成，即测井数据离散化、离散化数据分析和模型的实现。

1. 离散化算法研究

储层属性参数模型是通过将真实的地下油藏划分为三维网格后，以已知井点属性值为条件数据，运用一定的数学算法，对整个油藏网格进行插值、预测及赋值完成的。由于井点属性参数由测井解释得来，而测井分辨率远远大于网格的纵向尺寸，导致一个网格中有若干个属性值，而在进行属性参数模拟时，只允许每个网格有一个相应的属性值，即测井曲线的离散化（scale up）（图 5-1）。

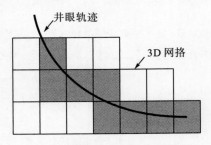

图 5-1　测井曲线离散化示意图

因此，选择何种算法将连续的测井成果曲线离散并赋值给过井网格是进行属性模型建模首先要解决的问题。

2. 孔隙度模型

序贯高斯模拟方法要求模拟的参数具有正态分布特征，而在实际应用中，大多数地质数据是非高斯分布的，因此首先需要将属性参数（如 k 及 ϕ）进行正态得分（变换为高斯分布）；然后通过变差函数获取变换后随机变量的条件概率分布函数，从条件概率分布函数中提取分位数，得到正态得分模拟实现。最后将模拟结果进行反变换，得到随机变量的模拟实现。因此在孔隙度建模前，首先对砂岩相内孔隙度参数进行了正态得分变换，转换为高斯分布。

3. 渗透率模型

渗透率模型的建立与孔隙度的基本一致，因渗透率与孔隙度有较好的相关关系，首先对渗透率求对数后进行正态得分变换和变差函数分析，然后利用序贯高斯模拟方法和以孔隙度模型为协同变量的协同克立金方法，建立渗透率分布模型。

根据以上原则及对原始资料的处理，本次建模试验区面积约 1.3 km^2，纵向上目的层共划分为 10 个有效模拟层，加上 2 个隔（夹）层共 12 个层，为了充分体现储层的纵向非均质性，根据模拟技术方法研究，设定网格横向步长为 20 m，目的层三维网格数为65604 个。彩图 19 给出了试验区目的层地质模型平面图。

5.2.5　基于模型的地质储量计算

地质储量是数值模拟的关键参数。通常，地质模型储量与油藏地质工程师的计算储量的误差应小于 10％，误差小于 5％ 更为理想。

在完成鲁克沁空气泡沫试验区三维地质随机建模之后，根据所建立的模型，运用容积法可以计算储层的地质储量。具体实现为：根据设计的网格大小和数目，计算建模地质体的总体积（B_v）；根据储层储地比模型（N/G），算出有效储层的总体积（$N_v = B_v \times N/G$）；根据孔隙度模型（P_{or}），算出有效储层的孔隙体积（$P_v = N_v \times P_{or}$）；根据地层原始含水饱和度（S_w），算出地下原油的体积 $[G_v = P_v \times (1 - S_w/100)]$；根据地下原油的体积系数（$B_o$）算出地下原油在地表脱气后的体积（$G_{sv} = G_v/B_o$），再根据地面脱气原油的密度算出地面脱气原油的重量，即为原油的地质储量。

根据统计，油层平均厚度 52.4 m，原始含油饱和度 63％，储层孔隙度 23％，渗透率270×10^{-3} μm^2，地质储量 896×10^4 t。根据以上边界、界面及参数的确定，基于玉东 203井区砂岩油藏三维地质模型，对油藏原始地质储量进行了复算。原油地质储量为 890.63$\times 10^4$ t，与地质师计算的储量 896×10^4 t 相比，相对误差 0.7％。

5.3　空气泡沫驱油效果预测及分析

5.3.1　泡沫驱数值模型的建立

鲁克沁油藏属于高黏(油藏温度条件下原油黏度 286 mPa·s)油藏,使用常规数值模拟软件 Eclipse 不能准确模拟地层开发情况,根据油藏条件及拥有的相关资料分析,确定使用 CMG(2005 版)软件中的 STARS 进行鲁克沁稠油泡沫驱数值模拟计算。

CMG 中的 STARS 是一个三维、多组分的模拟软件。网格系统可以是直角坐标、圆柱坐标、变深度/变厚度坐标,使用这些网格系统可进行任何可能的二维和三维设置。其对泡沫驱具有以下特点:一相稳定地分散在另一相内,如液滴、气泡和片状物,在油藏模拟规模下可处理为存在于携带相中的组分,提供了模拟聚合物、凝胶、微粒、乳状液、泡沫独特视点。这些概念与灵活的组分物性输入软件包配合使用,如吸附、堵塞、非线性黏度、分散、非平衡的质量传递,允许用户通过选择输入数据来设计复杂现象的合适的模拟模型。对泡沫有两种模拟方法:①机理模型,可直接模拟岩心实验详细观察到的泡沫的产生,传播,合并。②经验模型,更适应于对泡沫的研究和油田先导试验区的历史拟合,可以更准确直观地预测泡沫驱驱油效果。

根据油气藏数值模拟研究的需要准备了下面五类基础数据:

(1)静态数据

静态数据是用于油气层地质描述。静态基础数据包括小层静态数据、油气层分层数据、断层数据、油气水界面数据等。

油气层分层数据包括各砂岩组个数及名称、各小层名称,沉积类型、连通状况等。

断层数据包括断层方向、断点深度、断距及密封情况等。

同时应准备各种图(或数值文件):孔隙度展布图、渗透率展布图、有效厚度展布图、剖面图以及模拟区块的标准井位等。

(2)油气层流体性质的基础数据

包括来自实验室的油气 PVT 数据,流体基础数据(地层下的黏度、密度、体积系数等)。

(3)岩石性质的基础资料

包括由实验室测得的岩石压缩系数、岩石密度、油气水相对渗透率曲线,以及油气水毛管压力的曲线等。

(4)完井和修井数据

主要包括射孔及补孔数据、压裂和酸化数据、配产封隔器位置数据。上面的各项资料需要给出详细处理和完井层段、相应的地层参数值及相应的日期。

(5)动态数据

动态数据主要是指油气井的动态数据,即井史数据。包括月采油(气)量、月产水量、生产天数、流动压力(或油管压力,应用 Eclipse 软件中的 VFPi 模块计算井底流压)等。

(6)泡沫参数数据

主要包括泡沫特征值、起泡剂浓度、起泡剂化学参数等。

5.3.2　模型粗化

为了获得能够充分反映储层非均质性的储层地质模型，网格的定义必须具有足够的密度，定义的依据主要考虑横向上的井网密度和纵向上砂层的厚度。通过对目标油藏精细地质模型进行粗化和调整，砂岩油藏 X 方向划分 71 个网格，Y 方向 77 个网格，Z 方向为 12 层(10 个有效层和 2 个隔层)，有效网格节点总数为 65604 个。

试验区各目的层初始孔隙度和渗透率分布图如彩图 20~彩图 39 所示。

5.3.3　数值模拟的思路和方法

根据开发现状可知，试验区从 1997 年 5 月到 2012 年 4 月底进行了 15 年的水驱开发。为此模型采用定液模拟完成水驱历史拟合(包括静态拟合和动态拟合)。静态拟合主要包括油水系统和储量的拟合，油水系统拟合进行油、水界面和补充能量强弱的拟合，储量拟合受储层物性、流体物性和油、水界面的影响，拟合时重点修正油层渗透率、个别井点的含油饱和度以及相对渗透率曲线。在动态历史拟合中，强调静态拟合与动态拟合同步、整体划分时间段和先整体再局部的拟合思路。也就是对孔隙度、渗透率、饱和度、流体和岩石的高压物性参数(包括体积系数、溶解气油比、流体密度、流体黏度、压力与温度之间的变化关系和岩石和流体的压缩系数等参数)和油水相渗曲线等进行调整，使之产生的动态与实际动态一致。全区动态指标主要拟合了模拟区块的产油量和综合含水等，单井指标拟合指标为单井产油量和含水率，拟合相对误差控制在 10% 以内。

完成水驱历史拟合后，进行泡沫驱注入程序、注入方式、段塞大小的优化与设计以及效果预测。包括主段塞优化设计、前置段塞优化设计、气/液比优化设计、交替周期优化设计以及注入速度优化设计等。

5.3.4　确定模型参数的可调范围

在历史拟合的过程中，由于模型参数数量多，可调自由度大。而实际油藏动态数据的种类有限，不是可以唯一确定油藏模型参数。为了避免修改参数的随意性，在历史拟合时必须确定模型参数的可调范围，使模型参数的修改在可接受的合理范围内。

油层厚度：一般情况下油层厚度误差不大，可以视为确定参数，但由于软件插值带来一些误差，也允许做一些调整。

孔隙度：根据油藏的孔隙度统计结果，其值变化范围比较大，根据各井区的平均孔隙度，在拟合过程中允许较小的调整。

渗透率：渗透率在任何油田都是不确定参数，这不仅因为解释和岩心分析的误差较大，而且根据渗透率的特点，井间渗透率分布也是不确定的，另外由于速敏、水敏、酸敏、盐敏等影响，开发过程中出现增渗或降渗现象，高渗层渗透率越来越大，而低渗透层渗透率越来越小，级差进一步加大。因此，对渗透率的修改可调范围相对较大。

岩石和流体压缩系数：它们一般变化范围很小，可以作为确定参数处理，但在一定范围内，也可以适当做些微调。

相对渗透率曲线：由于油藏模拟网格较粗，网格内部存在着非均质，其影响不容忽视，这与均质的岩心不同，因此相对渗透率应作为不定参数。

5.3.5　历史拟合方法

历史拟合是用已有的油藏参数（如渗透率、孔隙度、饱和度等）去计算油田的开发历史，并将其计算出的开发指标如产量、含水率等与油田开发实际动态相对比。若计算结果与实际数据不一致，则说明模型中某些参数的设置不尽合理，需要进行适当调整修改后再进行计算，直到计算结果与实际动态相吻合或在允许的误差范围内为止。因此，历史拟合是一个反复修改参数、反复试算的过程，需要消耗大量的时间和人力，此时合理高效拟合方法的总结和使用就显得极为重要。一般先进行储量拟合再进行全区及单井拟合。

在进行全区储量拟合时，可调整的参数有储层孔隙度、净毛比、流体原始饱和度等，在合理的参数调整范围内对这些参数进行适当调整，可以实现储量拟合。

在定液模拟时，单井拟合主要参考指标有日产水、含水率等。进行单井生产指标拟合时，实测产吸剖面资料、沉积微相图、底部隔层质量图、见水见效图、井史等资料是重要的参考资料，对做好单井历史拟合意义重大。

首先根据模型中 PRT 文件，对比产吸剖面资料来确定各小层产油、产水量，找到主力产水层再判断来水方向。如果来水为边水，则可结合沉积微相图适当调整平面渗透率或平面传导率；如果来水为底水，则可根据底部隔层图对纵向渗透率或纵向传导率进行调整以实现拟合。对含水变化趋势与实际趋势相同而有高低差别时，可调整单井相渗。

5.3.6　拟合指标

历史拟合过程应遵循以下的步骤：①拟合储量；②拟合全区和单井的产液量；③拟合全区产油量和产水量；④拟合单井的产油量和产水量。

1. 储量拟合

储量拟合是一项最直接的模型检验，是对实际地质储量的拟合。以三维建模产生的储层模型、孔隙度、饱和度参数模型为基础，进行储量拟合。用储量拟合结果与实际地质储量非常接近的程度，来证实建立的三维地质模型的符合程度。

YD203 井区含油面积 1.3 km²，石油地质储量 890.63×10^4 t，从表 5-4 储量拟合的结果看，拟合的误差为 1.2%。由此可见数值模拟计算的储量是可靠的，证实了本模型储量符合实际。

表 5-4　YD203 井区模型各小层储量拟合结果表

地质层	数模层	地质储量/10^4 t	数模储量/10^4 t
隔层	1	0	0
$T_2k_2^{2-1-1}$	2	115.26	103.26

地质层	数模层	地质储量/10^4 t	数模储量/10^4 t
$T_2k_2^{2-1-2}$	3	159.08	119.52
$T_2k_2^{2-1-3}$	4	117.16	110.92
隔层	5	0	0
$T_2k_2^{2-2-1}$	6	110.5	139.6
$T_2k_2^{2-2-2}$	7	120.98	98.49
$T_2k_2^{2-2-3}$	8	91.44	86.92
$T_2k_2^{2-2-4}$	9	84.78	90.64
$T_2k_2^{2-3-1}$	10	49.53	69.13
$T_2k_2^{2-3-2}$	11	23.81	38.82
$T_2k_2^{2-3-3}$	12	18.09	27.54
全区		890.63	884.84

2. 全区及单井拟合

模型采用定液量拟合，根据全区及单井拟合指标完成拟合后其孔隙度、渗透率、饱和度场如彩图 40～彩图 59，平均数值见表 5-4。

根据生产井的动态分析可知，水驱历史拟合时对油层参数：如渗透率、孔隙度、饱和度等按照可调范围做了小规模调整，使其生产更符合实际生产历史。其拟合结果如彩图 60～彩图 107 所示。

全区实际累积产油 442453 m^3，数值模拟累产油量 453462 m^3，相对误差 2.48%。全区共有生产井 42 口，其中拟合较好的井共 30 口，拟合一般的井 7 口，拟合较差的井 5 口；拟合较好和一般的生产井共 37 口，占全部模拟井的 88%，达到数值模拟水驱拟合基本符合实际情况井数 2/3 的要求。在此基础上进行下一步效果预测及方案设计。

5.3.7　水驱效果预测

在现有工作制度不变条件下，继续水驱至全区综合含水达到含水率 90% 时的水驱预测结果如彩图 108 所示。由图可知，当全区综合含水上升到 90% 时累积产油 593594 t，水驱采收率 22.60%。

5.4　空气泡沫驱方案优化设计及效果预测

5.4.1　泡沫参数的优化设计

注入方式、注入程序及段塞大小的优化设计不仅可以提高起泡剂的利用率，还可以大幅度提高泡沫驱的整体技术经济效果，这是空气泡沫驱提高采收率技术的重点研究方向。

根据室内实验筛选出的最优起泡剂 XHY-4、有效浓度 0.08％，在 CMG 泡沫驱油藏数值模拟软件上进行模拟计算。四口注入井根据实际配注起泡液、注气量，根据气液比及理想气体计算，如表 5-5 所示。

表 5-5　注入量统计

注入量	YD203	YD3-3	YD204-19	YD2-42
日注水量/(m³/d)	45	40	45	50
日注剂量/(kg/d)	45	40	45	50
日注气量(地面)/(m³/d)	9810	8720	9810	10900

需要说明的是，在段塞的优化设计中，为了准确评价技术经济效果采用了吨起泡剂增油量参数。考虑到其技术经济效果，使用了综合指标参数，即泡沫综合指标＝吨起泡剂增油量×采收率来评价空气泡沫驱提高采收率技术。

1. 主段塞大小的优化设计

主段塞为有效浓度 0.08％的 XHY-4，气液比为 1.2∶1.0，交替周期 60 d 条件下，注不同段塞大小的空气泡沫的驱油效果如表 5-6 所示。图 5-2 是根据该表据整理、处理绘制的曲线。

表 5-6　主段塞大小对泡沫驱油效果的影响

主段塞/PV	提高采收率/％OOIP	增油量/10⁴ t	吨起泡剂增油量/(t/t)	综合指标
0.05	2.92	7.68	191.59	5.61
0.09	6.54	17.19	238.22	15.60
0.15	8.59	23.58	187.47	16.10
0.18	9.05	24.81	164.37	14.85
0.27	9.38	25.76	113.77	10.68
0.31	10.96	30.07	113.82	12.46
0.36	12.35	33.88	112.22	13.85
0.45	14.65	40.23	106.60	15.62
0.495	15.84	43.51	104.81	16.60
0.54	16.46	45.20	99.81	16.43
0.58	16.66	45.74	93.22	15.52

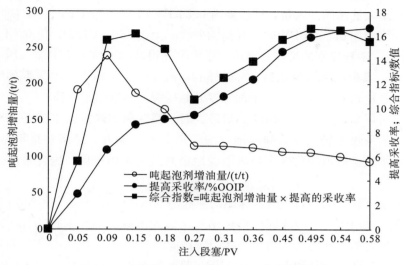

图 5-2　主段塞大小对鲁克沁空气泡沫驱油效果的影响

结果表明：随着泡沫注入段塞的增加，泡沫驱比水驱提高的采收率值增加，吨起泡剂增油量降低，而综合指标先增加后下降再增加。当空气泡沫注入段塞在 0～0.15 PV 时，随着段塞的增加，提高的采收率由 2.92%OOIP 急剧增加到 8.59%OOIP；吨起泡剂增油量从 0.05 PV 时的 192 t 降至 0.15 PV 时的 187 t；综合指标则由 5.61 增大至 16.10。继续增大泡沫的注入量，当注入量在 0.15～0.27 PV 增大时，泡沫驱综合指标开始下降由 16.10 降至 10.68；同时采收率进一步增加至 9.38%OOIP；而吨起泡剂增油量降低到 114 t。当泡沫注入量增加到 0.58 PV 时，泡沫综合指标再增大到 16.60 的最大值后开始下降并降至 15.52；泡沫驱采收率继续缓慢提高，增至 16.66%OOIP；吨起泡剂增油量降低趋势变缓，最终降至 93 t。

所以随着泡沫注入段塞的增加，空气泡沫驱的综合指数出现两个峰值，表明在注入段塞 0～0.58 PV 存在两个最优值，综合考虑其他指标可知空气泡沫深部调驱段塞应该在 0～0.27 PV，空气泡沫驱段塞应在 0.27～0.58 PV。

在小段塞 0～0.27 PV，当空气泡沫注入量为 0.05 PV 时，其提高的采收率为 2.92% OOIP；段塞由 0.05 PV 增大到 0.09 PV 时，提高的采收率增加 1.80%OOIP；当注入量由 0.09 PV 增大到 0.15 PV 时，尽管注入量仅增加了 0.006 PV，而提高的采收率却增加了 2.05 百分点。说明，随着注入量的增大，泡沫驱采收率的增加幅度较大；当泡沫注入量增大至 0.18 PV，段塞增加 0.03 PV，而提高的采收率却仅仅增加了 0.46 百分点；之后，当注入量增加到 0.27 PV 时，段塞增加 0.11 PV，提高的采收率增加 0.33 百分点，低于前面的增加速度。所以，随着泡沫注入段塞的增加，提高采收率的曲线变化趋势先急剧增加后增幅开始变缓；当泡沫注入段塞为 0.15 PV 时，其提高的采收率增加值最大，泡沫综合指标也最大。

在大段塞 0.27～0.58 PV，当泡沫注入量为 0.31 PV 时，其提高的采收率为 10.96% OOIP；进一步增大段塞至 0.36 PV 时，段塞增加 0.05 PV，泡沫驱采收率增加了 1.39 百分点；当段塞由 0.36 PV 增大到 0.45 PV 时，注入量增加 0.09 PV，采收率增加 2.30

百分点；继续增大泡沫的注入量，即段塞由 0.54 PV 增加 0.09 PV，采收率增加 0.62 百分点；当注入量增加到 0.58 PV 时，提高的采收率为 16.66%OOIP，比 0.54 PV 只增加了 0.20 百分点。随着段塞的增加，泡沫驱采收率先快速增加后趋于平缓。当泡沫注入量为 0.45 PV 时，其采收率增加值最大。同样的，泡沫综合指标也随着段塞的增加先急剧增加，当注入量达到 0.45 PV 后，增加幅度开始变缓并逐渐趋于平稳。

从前面分析可知，当吨起泡剂增油量最大时，泡沫驱的经济效果最为理想，但最终采收率不高；当采收率较高时，吨起泡剂增油量却不是最大，经济效果不是最为理想。所以需要在经济效益适当的前提下最大限度地提高最终采出程度，因此最终采用综合指标判断。

可见，对于试验区来说，空气泡沫驱的吨起泡剂增油量达到最大值 238 t 时，对应的泡沫注入量为 0.09 PV，但泡沫综合指标第一个最大值对应的注入量为 0.15 PV；而综合指标第二个最大值对应的注入量为 0.45 PV；此时 0.15 PV 和 0.45 PV 对应的提高的采收率分别为 8.59%OOIP 和 14.65%OOIP；吨起泡剂增油量分别为 187 t 和 107 t；最终增油量分别为 23.58×10⁴ t 及 40.23×10⁴ t。

综上所述，鲁克沁稠油油田空气泡沫提高采收率有两种方式：①空气泡沫深部调驱，进一步强调改善水驱的作用，主段塞为 0.15 PV；②空气泡沫驱，重点强调大段塞条件下的驱油作用，主段塞注入量为 0.45 PV。

2. 前置段塞大小的优化设计

由于岩石对起泡剂的吸附滞留作用以及地层水对起泡剂的稀释作用，先期注入的起泡剂大量损耗，甚至起泡剂浓度急剧下降到最低起泡浓度，使得前沿无法起泡，最终导致驱油效果变差。因此，优化确定试验区空气泡沫驱的前置段塞，包括段塞大小及起泡剂浓度等，具有重要意义。

(1)空气泡沫调驱前置段塞

在深部调驱主段塞为 0.15 PV 的条件下，对起泡剂 XHY-4 有效浓度为 0.08%、交替周期 60 d、气液比为 1.2：1.0 泡沫深部调驱，进一步开展了高浓度起泡液（>0.1%）前置段塞大小对鲁克沁油田空气泡沫深部调驱对驱油效果的影响。模拟结果如表 5-7 和图 5-3 所示。

表 5-7 主段塞 0.15 PV 时，前置段塞起泡剂浓度对鲁克调驱效果的影响

前置段塞浓度/%	提高采收率/%OOIP	增油量/10⁴ t	吨起泡剂增油量/(t/t)	综合指标
0	8.59	22.55	187.47	16.10
0.2	8.81	23.13	188.22	16.58
0.3	8.82	23.14	187.05	16.48
0.4	8.83	23.19	186.25	16.44

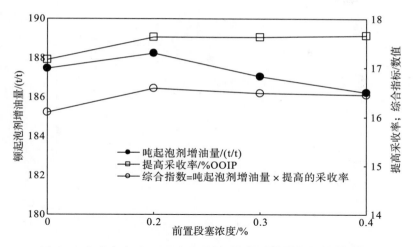

图 5-3   主段塞为 0.15 PV 时，前置段塞浓度对调驱效果的影响

由图表可知：当前置段塞为 0.0035 PV 时，随起泡剂有效浓度从 0.2％增加到 0.4％，吨起泡剂增油量从 188 t 下降到 186 t，提高的采收率仅从 8.59％OOIP 增加 0.24 个百分点到 8.83％OOIP，而增油 5077 t。

曲线总体趋势是：随着前置段塞浓度的增加，吨起泡剂增油量及泡沫综合指标曲线为开口向下的抛物线。当起泡剂浓度为 0.2％时，吨起泡剂增油量及泡沫综合指标最高。当起泡剂 XHY-4 浓度＞0.2％时，采收率曲线开始缓慢上升，而吨起泡剂增油量及泡沫综合指标开始下降。显然，从经济效益出发，高浓度的泡沫前置段塞方式的起泡剂的利用率及提高采收率提高幅度并不理想。所以，选择泡沫调驱前置段塞浓度为 0.2％。

在前置段塞有效浓度为 0.2％时，分别设计前置段塞为 0.002 PV、0.0035 PV、0.005 PV、0.0075 PV 和 0.1 PV 对空气泡沫调驱效果的影响，如表 5-8 和图 5-4 所示。结果表明，随着前置段塞的增大，采收率逐渐增大；由 0.002 PV 时的 8.75％OOIP 增加到 0.10 PV 时的 8.90％OOIP，增加了 0.25 百分点；但吨起泡剂增油量随泡沫注入量的增大而降低，由 0.002 PV 时的 188 t/t 下降到 0.0075 PV 时的 185 t/t；此外，泡沫综合指标曲线变化趋势表明，随着前置段塞的增大，综合指标先增加后降低，为开口向下的抛物线，在前置段塞为 0.0035 PV 时，综合指标达到最大值 16.59。

表 5-8   主段塞 0.15 PV 时，前置段塞大小对泡沫调驱效果的影响

前置段塞/PV	提高采收率/％OOIP	增油量/10⁴ t	吨起泡剂增油量/(t/t)	综合指标
0.002	8.75	22.97	188.44	16.48
0.0035	8.81	23.14	188.26	16.59
0.0050	8.83	23.18	186.57	16.47
0.0075	8.90	23.37	185.15	16.48

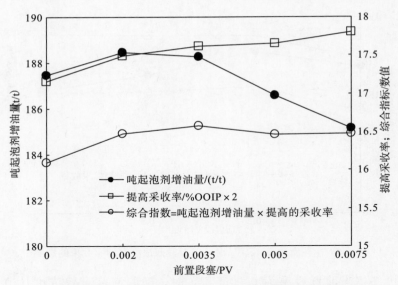

图 5-4　主段塞 0.15 PV 时，前置段塞大小对空气泡沫调驱效果的影响

综合考虑并确定空气泡沫深部调驱前置段塞为 0.2‰×0.02 PV。

（2）空气泡沫驱前置段塞

前面优选了空气泡沫深部调驱即主段塞为 0.15 PV 时的最佳前置段塞。现在讨论空气泡沫驱大段塞驱油方法提高采收率条件下的前置段塞的优化与设计。根据前面的优化结果，确定泡沫驱主段塞为 0.45 PV 条件下，起泡剂 XHY-4 有效浓度为 0.08%、气液比为 1.2：1.0、交替周期 60 d 条件下，计算高浓度起泡液前置段塞对驱油效果的影响。

表 5-9 给出了前置段塞起泡剂有效浓度及段塞大小对鲁克沁空气泡沫驱油效果影响的计算结果。可以看出，当主段塞为 0.45 PV 时，前置段塞有效浓度对大段塞条件下泡沫的驱油效果影响很小。前置段塞有效浓度分别为 0.2%、0.3% 及 0.4% 时，泡沫驱的增油量相同。但由于起泡剂浓度增大、起泡剂用量增加，所以吨起泡剂增油量下降、综合指标下降。而前置段塞起泡剂有效浓度对驱油效果影响不大的主要原因是在大段塞条件下，起泡剂注入量足够大，满足了最低起泡浓度的条件。

表 5-9　主段塞 0.45 PV 时前置段塞对泡沫驱油效果的影响

前置段塞		提高采收率 /%OOIP	增油量/10^4 t	吨起泡剂增油量 /(t/t)	综合指标
浓度/%	段塞/PV				
	0.009	13.14	39.43	107.15	14.08
0.2	0.018	13.49	40.51	107.97	14.56
	0.036	13.89	41.70	107.09	14.87
	0.009	13.14	39.43	106.54	14.00
0.3	0.018	13.49	40.51	106.76	14.40
	0.036	13.89	41.70	104.81	14.56

续表

前置段塞		提高采收率 /%OOIP	增油量/10⁴ t	吨起泡剂增油量 /(t/t)	综合指标
浓度/%	段塞/PV				
	0.009	13.14	39.43	105.94	13.92
0.4	0.018	13.49	40.51	105.57	14.24
	0.036	13.89	41.70	102.62	14.25

考虑到泡沫驱的整体经济因素，确定鲁克沁空气泡沫驱前置段塞中的起泡剂浓度为 0.2%。

图 5-5 是根据表 5-9 前置段塞起泡剂浓度为 0.2% 时的数据而绘制的曲线。可以看出，当前置段塞起泡剂浓度为 0.2% 时，随着前置段塞的增大，采收率由 0.005 PV 时的 13.14%OOIP 增加到 0.02 PV 时的 13.89%OOIP，增加了 0.75 百分点。此外，由图 5-5 还可以看出，随着前置段塞的增大，吨起泡剂增油量曲线为开口向下的抛物线，即先上升、后下降，存在一个最大值。当前置段塞为 0.018 PV 时，达到最大值 107.97 t/t，但只比 0.018 PV 时的增加 0.82 t/t。

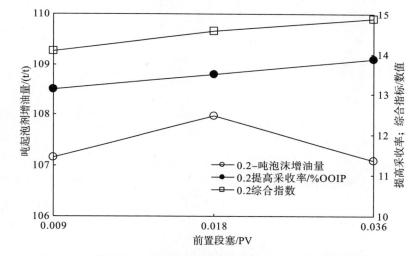

图 5-5　主段塞 0.45 PV 时，前置段塞大小对泡沫驱油效果的影响

因此，综合考虑起泡剂吨增油量、提高的采收率等参数后，选择空气泡沫驱前置段塞为有效浓度 0.2%、注入段塞 0.018 PV。

3. 起泡剂总用量不变，段塞组合优化设计

(1)深部调驱段塞组合

已有的研究结果表明，在化学剂用量相同的条件下，由于段塞组合的进一步优化，大幅度提高了化学剂的利用率，而使得最终采收率有一定程度的提高。为此，特意进行了段塞组合优化设计。

在主段塞 0.15 PV，前置段塞 0.2%×0.0035 PV，气液比为 1.2∶1.0 和交替周期

60 d 条件下，研究起泡剂浓度梯度式变化对泡沫驱驱油效果的影响。

在数值模拟研究中，将主段塞平分为三个相同大小的小段塞，每个段塞为 0.0488 PV，计算结果见表 5-10。

表 5-10 详细给出了主段塞每段浓度分别为 0.05％、0.10％和 0.15％递增条件下，6种不同组合方式和段塞浓度均为 0.10％时的空气泡沫驱油效果的影响。结果表明，当主段塞平均分为三段不同浓度段塞进行梯度式组合后，对空气泡沫驱驱油效果影响不明显，采收率值在 8.58％~8.90％OOIP。其中，起泡剂浓度组合为 0.05％→0.10％→0.15％的驱油效果相对较好。其比段塞浓度为 0.10％条件下的采收率提高了 0.09％OOIP，增油量 2384 t，吨起泡剂增油量仅从 188.26 t 提高到 190.20 t。但考虑到现场施工及设备的实际情况，空气泡沫深部调驱注入段塞并不适宜梯度式段塞注入的方式。

表 5-10　主段塞 0.15 PV 时梯度段塞对泡沫驱油效果的影响

主段塞		提高采收率/%OOIP	增油量/10⁴ t	吨起泡剂增油量/(t/t)	综合指标
浓度/%	段塞/PV				
0.15	0.0488				
0.10	0.0488	8.58	22.54	183.43	15.75
0.05	0.0488				
0.15	0.0488				
0.05	0.0488	8.59	22.56	183.56	15.77
0.10	0.0488				
0.10	0.0488				
0.05	0.0488	8.61	22.61	183.98	15.84
0.15	0.0488				
0.10	0.0488				
0.15	0.0488	8.59	22.57	183.67	15.79
0.05	0.0488				
0.05	0.0488				
0.10	0.0488	8.90	23.38	190.20	16.93
0.15	0.0488				
0.05	0.0488				
0.15	0.0488	8.57	22.52	183.24	15.71
0.10	0.0488				
0.10	0.1464	8.81	23.14	188.26	15.69

（2）大段塞泡沫驱段塞组合

同样，在主段塞 0.45 PV、前置段塞 0.2％×0.0018 PV、气液比为 1.2∶1.0 和交替周期 60 d 条件下开展了梯度式起泡剂浓度条件下对泡沫驱驱油效果的影响研究。同样地，主段塞仍然平分为三个段塞。表 5-11 为主段塞每段浓度分别为 0.05％、0.10％和

0.15％时，六种不同组合方式和主段塞浓度为 0.10％时对空气泡沫驱油效果的影响。

表 5-11　泡沫驱油梯度式段塞对泡沫驱油效果的影响

主段塞		提高采收率/%OOIP	增油量/10^4 t	吨起泡剂增油量/(t/t)	综合指标
浓度/%	段塞/PV				
0.15	0.08				
0.10	0.08	13.52	22.54	108.19	14.63
0.05	0.08				
0.15	0.08				
0.05	0.08	13.5	22.56	108.01	14.58
0.10	0.08				
0.10	0.08				
0.05	0.08	13.49	22.61	107.98	14.57
0.15	0.08				
0.10	0.08				
0.15	0.08	13.51	22.57	108.11	14.61
0.05	0.08				
0.05	0.08				
0.10	0.08	13.50	23.38	107.98	14.58
0.15	0.08				
0.05	0.08				
0.15	0.08	13.49	22.52	107.90	14.56
0.10	0.08				
0.10	0.24	13.49	40.51	107.97	14.56

结果表明，上述六种组合方式提高的采收率分别为 13.52％OOIP、13.50％OOIP、13.49％OOIP、13.51％OOIP 和 13.50％OOIP，与主段塞浓度全为 0.10％提高的采收率 13.49％OOIP 相比，提高的采收率在 0％～0.03％OOIP，增加的油量不多。其中，效果最好的组合方式是 0.15％→0.10％→0.05％，采收率为 13.52％OOIP，增油 405913 t。空气泡沫驱依然不适宜使用梯度式段塞注入。

4. 气液比优化设计

室内实验结果表明，无论是泡沫深部调驱还是泡沫驱提高采收率，其气液比对泡沫性质、参数等驱油性能有明显影响。显然，气液比对驱油效果也有很大影响。为此研究不同气液比对提高采收率的影响。

（1）深部调驱的气液比

在前面优化的基础上，进一步开展气液比的优化设计研究。模拟中，主段塞为 0.15 PV，起泡剂 XHY-4 浓度为 0.08％，交替周期 60 d，气液比分别为 0.5：1、0.75：1、

1：1、1.2：1、1.5：1、1.75：1及2：1。结果见表5-12和图5-6。

　　由表5-12和图5-6可以看出，当气液比增大时，起泡剂用量由1041 t上升至1295 t；采收率值由0.5：1.0时的7.32%OOIP上升到1.0：1.0时的8.44%OOIP，上升幅度为1.12百分点；进一步增大气液比，采收率开始下降，由1.0：1.0上升到2.0：1.0时，采收率下降了0.71百分点；而吨起泡剂增油量曲线随着气液比的增加现增加后降低，从0.5：1.0的184.50 t/t急剧增加到1.0：1.0的189.68 t/t，当气液比进一步增大时，吨起泡剂增油量开始下降，到2.0：1.0时，吨起泡剂增油量位156.66 t/t。

　　值得注意的是，无论是吨起泡剂增油量、采收率还是泡沫综合指标，三条曲线均是开口向下的抛物线；所不同的是，气液比在1.0：1.0时，吨起泡剂的增油量最高，为189.68 t；但综合指标及采收率最大值平缓对应的气液比在(1.0：1.0)~(1.2：1.0)。这与室内试验的结果，基本吻合。

表5-12　调驱时气液比对泡沫驱油效果的影响

气液比	提高采收率/%OOIP	增油量/10⁴ t	吨起泡剂增油量/(t/t)	综合指标
0.50	7.32	19.22	184.50	13.51
0.75	7.91	20.77	186.45	14.75
1.00	8.44	22.07	189.68	16.00
1.20	8.58	22.55	187.47	16.09
1.50	8.35	23.35	176.15	14.70
1.75	7.93	23.71	163.84	13.00
2.00	7.73	24.11	156.66	12.10

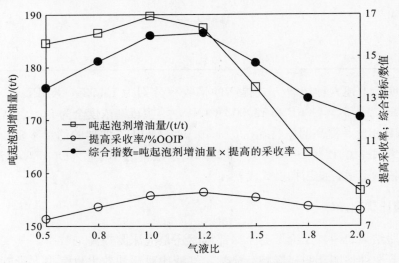

图5-6　气液比对鲁克沁泡沫深部调驱效果的影响

　　出现上述情况的原因是：气液比越低即气体体积越少，起泡剂发泡所需的气体量不足致使泡沫体积没有达到理想的最大体积，因而驱油效果不理想；而随着气液比的增加即气体体积增多，相同条件下的泡沫发泡体积增大，驱油效果变好；但是，进一步增大气液比即气体继续增加，由于起泡液体积有限，导致在相同泡沫体积条件下，泡沫的液膜厚度变薄，使得泡沫稳定性变差，采收率降低。

所以空气泡沫驱提高采收率最佳气液比为 1.0∶1.0，此时比水驱提高的采收率为 8.44%OOIP，增油 22.07×10⁴ t。

（2）空气泡沫驱气液比优化设计

在主段塞为 0.45 PV、XHY-4 浓度为 0.08% 及交替周期 60 d 条件下，也开展了气液比分别为 0.5∶1、0.75∶1、1∶1、1.2∶1、1.5∶1、1.75∶1 和 2∶1 时对空气泡沫驱油效果的影响。其他参数及条件与上节相同。数据结果见表 5-13 及图 5-7。

表 5-13　气液比对泡沫驱油效果的影响

气液比	提高采收率/%OOIP	增油量/10⁴ t	吨起泡剂增油量/(t/t)	综合指标
0.50∶1	12.5	37.53	118.89	14.86
0.75∶1	13.06	39.20	116.34	15.19
1.00∶1	13.41	40.05	113.49	15.22
1.20∶1	13.49	40.51	111.59	15.05
1.35∶1	13.46	40.98	110.90	14.93
1.50∶1	13.42	41.24	109.91	14.75
1.75∶1	13.25	41.70	108.78	14.41
2.00∶1	12.92	41.64	106.74	13.79

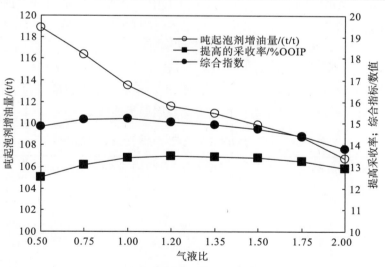

图 5-7　气液比对空气泡沫驱油效果的影响

结果表明，随着气液比的增加，泡沫驱采收率及泡沫综合指标两条曲线均为开口向下的抛物线，而吨起泡剂增油量曲线则逐渐下降；在气液比为 1.0∶1.0 时，泡沫综合指标达到最大值 15.22；当气液比在（1.0∶1.0）～（1.5∶1.0）的较大范围内，采收率几乎保持稳定。

考虑到实际应用的需要，确定空气泡沫驱的气液比为 1.0∶1.0；其与室内岩心驱替试验确定的(1.0∶1.0)~(1.2∶1.0)基本一致；此时提高采收率13.41%OOIP，增产原油40.05×10⁴ t；泡沫综合指标最大，为15.22。

5. 交替周期的优化设计

对于泡沫驱来说，通常采用气液交替注入，但气液交替周期及频率影响泡沫参数，例如起泡能力、泡沫半衰期 $t'_{1/2}$、析液半衰期 $t_{1/2}$ 以及泡沫视黏度等，进而影响泡沫驱的驱油效果。为此，开展了气液交替周期对驱油影响的研究。

(1)深部调驱交替周期

与前述一样，在对前置段塞、段塞组合以及气液比进行优化的基础上，这里还将研究气液交替周期对空气泡沫深部调驱效果的影响。在主段塞为 0.15 PV、起泡剂 XHY-4 的有效浓度为0.08%、气液比1.2∶1.0条件下，设计气液交替周期分别为 10 d、15 d、30 d 和 50 d，研究不同交替周期对空气泡沫调驱效果的影响，结果见表 5-14 和图 5-8。图表数据结果表明，在10~50 d，交替周期对泡沫深部调驱的采收率、吨起泡剂增油量以及泡沫综合指标的影响不大；当气液交替周期从 10 d 增加至 50 d 时，随着交替周期的增大，泡沫驱采收率、吨起泡剂增油量以及泡沫综合指标均为开口向下的抛物线；上述三个参数最大值对应的气液交替周期均为 30 d。在10~15 d，随着交替周期的增大，三个参数的增加幅度都不大，采收率由 10 d 时的 7.79%OOIP 增加到 15 d 时的 7.89%OOIP，仅提高 0.01 百分点；在15~30 d，随着交替周期的增大，采收率增加幅度明显，由 15 d 的 7.89%OOIP 增加至 30 d 的 8.59%OOIP，增加了 0.80 百分点即增油20837 t，吨起泡剂增油量也由 571 t 增加至 629 t；当交替周期>30 d 后，在30~50 d，随着气液交替周期的进一步增大，采收率开始下降，从 30 d 的 8.59%OOIP 下降到 40 d 的 8.30%OOIP；继续增加交替周期，提高的采收率下降到 50 d 的 8.13%OOIP。

考虑到油田周期过快，给生产管理等带来诸多不便、而交替周期过长，对驱油效果有一定影响。确定空气泡沫深部调驱的气液交替周期为 30 d。

表 5-14　泡沫调驱时交替周期对泡沫驱油效果的影响

交替周期/d	提高采收率/%OOIP	增油量/10⁴ t	吨起泡剂增油量/(t/t)	综合指标
10	7.79	20.47	170.14	13.26
15	7.89	20.7	172.24	13.59
30	8.59	22.55	187.46	16.10
40	8.30	21.79	181.14	15.03
50	8.13	21.36	177.59	14.44

(2)泡沫驱交替周期设计

在完成主段塞为 0.15 PV 的泡沫深部调驱交替周期优选后，对大段塞泡沫驱的交替周期也进行评价研究。同样，在主段塞为 0.45 PV、起泡剂 XHY-4 的有效浓度仍然为0.08%、气液比1.2∶1.0条件下，分别开展了交替周期分别为 30 d、50 d、60 d 和100 d的模拟计算，结果见表 5-15 及图 5-9。

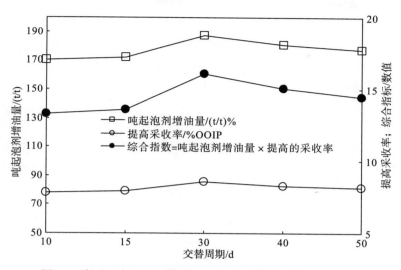

图 5-8　气液交替周期对鲁克沁空气泡沫深部调驱效果的影响

表 5-15　泡沫驱交替周期对泡沫驱油效果的影响

交替周期/d	泡沫体积/10⁴ m³	提高采收率/%OOIP	增油量/10⁴ t	吨起泡剂增油量/(t/t)	综合指标
30	236.52	12.36	37.09	102.78	12.70
50	236.52	13.17	39.54	109.56	14.43
60	236.52	12.82	38.47	106.60	13.67
80	236.52	12.55	37.67	104.38	13.10

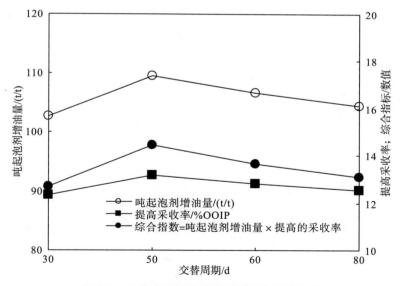

图 5-9　气液交替周期对泡沫驱油效果的影响

　　结果表明，在 30～80 d 交替周期对泡沫驱采收率、吨起泡剂增油量以及泡沫综合指标的影响较小。当气液交替周期从 30 d 增加至 80 d 时，随着周期的增长，采收率先急剧地由 30 d 时的 12.35%OOIP 增加至 50 d 时的 13.17%OOIP，增加 0.72 百分点，吨起泡剂增油量也由 102.78 t 增加至 109.56 t；进一步增大气液交替周期，在 50~60 d 随着交替周期的增大，泡沫驱采收率增加程度更为缓慢，仅由 12.79%OOIP 增至 12.82%OO-IP，增加 0.03 百分点；当气液交替周期提高到 80 d 时，提高的采收率降至 12.55%OO-IP。所以确定空气泡沫驱的交替周期为 50 d。

6. 注采速度优化设计

注采速度不仅影响驱油效果，同时还影响投资收益速度。此外，有关表面活性剂水溶液驱、聚合物驱、复合驱等化学驱注入速度的基本结论是：在不超过油层破裂压力的条件下，在可能的情况下尽量快注。对此，也开展了注采速度对泡沫深部调驱和泡沫驱的驱油效果影响。

目前，试验区目的层水驱注入速度为 0.0125 PV/年，注入速度偏低。

(1)调驱注采速度设计

在泡沫深部调驱主段塞为 0.15 PV、起泡剂有效浓度为 0.08%、气液比 1.2∶1.0 及交替周期 30 d 条件下，开展了注采速度分别为目前注入速度 1.5 倍、2 倍、2.5 倍和 3 倍时的模拟计算。结果见表 5-16 和图 5-10。

需要说明的是，在提高注入速度的同时，为保持试验区注采平衡，按相同比例，同时提高了试验区内各油井产量。

表 5-16　注采速度对鲁克沁泡沫深部调驱效果的影响

注入速度/倍数	提高采收率/%OOIP	增油量/10⁴ t	吨起泡剂增油量/(t/t)	综合指标
1.00	8.59	22.55	187.47	16.10
1.50	10.88	28.58	237.59	25.86
2.00	11.84	31.10	258.51	30.61
2.50	12.31	32.33	268.73	33.08
2.75	11.9	31.25	259.77	30.91

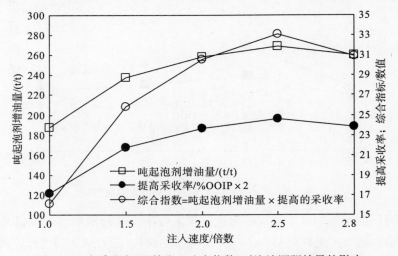

图 5-10　注采速度(目前注入速度倍数)对泡沫调驱效果的影响

表 5-16 及图 5-10 给出了在目前注采速度(0.0125 PV/年)的基础上，将注采速度分别提高到 1.5 倍、2.0 倍、2.5 倍和 2.75 倍时，鲁克沁泡沫深部调驱的驱油效果。由上述数据可知，随着注入速度的增加，泡沫深部调驱采收率由目前注入速度时的 8.59% OOIP 增加到 1.5 倍时的 10.88% OOIP，吨起泡剂增油量由每吨 187 t 提高到 238 t；当注入速度增加到 2 倍时，采收率由 1.5 倍时的 10.88% OOIP 增加到 11.84% OOIP，尽管注入速度也提高了 0.5 倍，但采收率的提高值却只有 0.96% OOIP，增加幅度开始变缓，每吨起泡剂的增油量也只提高了 21 t；提高注入速度到目前注入速度的 2.5 倍时，采收率值由 2 倍时的 11.84% OOIP 增加到 12.31% OOIP，吨起泡剂增油量由 259 t 提高到 269 t，注入速度提高 0.5 倍，采收率的提高值仅为 0.47% OOIP，吨起泡剂增油量仅仅只提高了 10 t；将注入速度提高到 2.75 倍时，采收率由 2.5 倍时的 12.31% OOIP 降低到 11.90% OOIP，吨起泡剂增油量 269 t 降低到 260 t，注入速度每提高 0.25 倍，采收率下降 0.41 百分点，吨起泡剂增油量降低 9 t。考虑到油田实际情况，确定空气泡沫深部调驱的注采速度为目前注采速度的 1.5 倍基本可行。此时采收率 10.88% OOIP，吨起泡剂增油量为 238 t，泡沫调驱比水驱增采油量 28.58×10^4 t。

(2)泡沫驱注采速度设计

相同地，在泡沫驱主段塞为 0.45 PV、起泡剂有效浓度为 0.08%、气液比为 1.2:1.0 及交替周期为 60 d 条件下，分别开展了注采速度为目前注采速度 1.5 倍、2 倍、2.5 倍及 3 倍时的模拟计算。同时，也按比例提高了试验区内油井产量。结果见表 5-17 和图 5-11。

表 5-17　注入速度(目前注入量的倍数)对泡沫调驱效果的影响

注入速度/倍数	提高采收率/%OOIP	增油量/104 t	吨起泡剂增油量/(t/t)	综合指标
1.0	14.65	38.47	106.60	15.61
1.5	15.52	40.76	112.94	17.53
2.0	15.99	41.99	116.34	18.60
2.5	16.15	42.43	117.56	18.99
3.0	16.15	42.41	117.52	18.98

由表 5-17 及图 5-11 可以看出，在目前注入速度(0.0125 PV/年)的基础上，将泡沫注入速度分别提高到其水驱注采速度的 1.5 倍、2.0 倍、2.5 倍和 3 倍时，注采速度对泡沫驱油效果有明显影响。结果表明，随着注采速度的增加，空气泡沫驱提高的采收率由目前注入速度条件下的 14.65% OOIP 增加到 1.5 倍时的 15.52% OOIP，提高了 0.87 百分点，吨起泡剂增油量也由 107 t 提高到了 113 t；注入速度每提高 0.5 倍，采收率提高 0.87 百分点，吨起泡剂增油量提高 6.34 t。当注入速度由目前注入速度时的 1.5 倍增加到 2 倍时，采收率由 1.5 倍时的 15.52% OOIP 增加到 15.99% OOIP，吨起泡剂增油量由 113 t 提高到 116 t；尽管注入速度也提高了 0.5 倍，但采收率提高值却只有 0.47 百分点，吨起泡剂增油量也只提高了 3.40 t。进一步将注入速度提高到 2.5 倍，泡沫驱采收率从 2 倍时的 15.99% OOIP 增加到 16.15% OOIP，提高 0.16 百分点，吨起泡剂增油量 116 t 提高到 118 t；同样，尽管泡沫速度仍然是提高 0.5 倍，但采收率提高值为 0.17 百分点，

吨起泡剂增油量只提高 1.22 t。再增加注入速度到 3 倍，采收率由 2.5 倍时的 16.15%
OOIP 略微降低到 16.14%OOIP，吨起泡剂增油量由 118 t 降至 118 t。可见，在注入速
度为目前的 2 倍时，提高的采收率最大，吨起泡剂增油量最高。

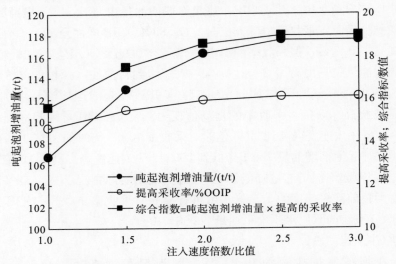

图 5-11　泡沫注入速度（目前水驱注入速度倍数）对泡沫驱油效果的影响

　　为此，确定空气泡沫驱的注采速度为目前注采速度的 2 倍。但考虑到油田生产需要
及实际，可以根据具体情况，予以适当调整。原则是在不超过破裂压力（破裂压力的
80%）及设备允许的条件下，尽可能快注。

5.4.2　泡沫优选参数的驱油效果

　　前面参数或条件的优化设计，可能有部分参数的起始条件不是最佳。为了得到最佳
的注入程序及注入方式，有必要对最佳参数进行进一步的优化设计得到空气泡沫深部调
驱或泡沫驱的最佳实施方案。

1.　深部调驱效果研究

　　前面确定出的泡沫调驱最佳参数为：泡沫主段塞起泡剂为 XHY-4，有效浓度为
0.08%，主段塞大小为 0.15 PV，前置段塞为 0.2%（有效）×0.002 PV，气液比为
1.0/1.0，交替周期为 30 d，注入速度为目前实际工作制度的 1.5 倍。使用上述参数模拟
预测空气泡沫深部调驱驱油效果，计算结果如表 5-18 所示。

表 5-18　0.15 PV 最佳泡沫方案驱油效果主要参数

当量/实际	提高采收率/%OOIP	增油量/10⁴ t	吨起泡剂增油量/(t/t)	综合指标
1184.43/399	11.39	29.92	252.59	28.77

　　由表 5-18 可以看出，此方案计算出的结果比水驱提高的采收率为 11.39%OOIP，增
油 29.92×10⁴ t，吨起泡剂增油量为 252.59 t，达到较为理想的增油效果。此时，最优方
案的综合含水率、累产油量、日产油量、注水注气量和水驱预测到综合含水 90% 时的曲

线，见彩图 109～彩图 113 所示。

由彩图 109 可以看出，泡沫调驱实施方案自 2013 年 5 月 1 日开始进行泡沫驱，于 2013 年 8 月 22 日即注泡沫 112 天后，试验区综合含水率开始下降，到 2014 年 9 月 13 日，下降到最低综合含水率 55.70%，下降 27 百分点。下降之后，综合含水率开始上升，自 2016 年 1 月到 2021 年 5 月，共计 66 个月（5.5 年），试验区综合含水基本保持在 66% 左右。到 2021 年 6 月注泡沫结束后，全区综合含水率开始快速上升，后与水驱预测曲线重合。整个注泡沫时间段内，综合含水下降 20% 到 27%，见效时间 20 年。同时，日产油量从 66.50 m^3/d 上升到最大 190.11 m^3/d，最大日增油量 124 m^3/d。

彩图 112 和彩图 113 是日注气量和日产气量变化图。从图中可知，从 2013 年 5 月注气开始，从 2015 年开始产气，主要产气阶段在 2015～2020 年。累产气 $5.77×10^7$ m^3，累注气 $6.08×10^7$ m^3，存气率 4.56%。

彩图 118～彩图 153 还给出了泡沫深部调驱主力层第 2、3、4、6、7、8 层，注泡沫前、后以及含水上升到 90% 时、对应时刻水驱条件下含油饱和度变化对比图。

第 2 模拟层注泡沫前后及综合含水 90% 时含油和含水饱和度分布图如彩图 114～彩图 119 所示。

彩图 120～彩图 125 为第 3 数值模拟层，泡沫实施前后及综合含水 90% 时含油饱和度及含水饱和度分布图。

彩图 126～彩图 131 为第 4 数值模拟层，泡沫实施前后及综合含水 90% 时含油饱和度及含水饱和度分布图。

彩图 132～彩图 137 为第 6 数值模拟层，泡沫实施前后及综合含水 90% 时含油饱和度及含水饱和度分布图。

彩图 138～彩图 143 为第 7 数值模拟层，泡沫实施前后及综合含水 90% 时含油饱和度及含水饱和度分布图。

彩图 144～彩图 149 为第 8 数值模拟层，泡沫实施前后及综合含水 90% 时含油饱和度及含水饱和度分布图。

2. 泡沫驱提高采收率效果研究

根据前面的研究结果，确定空气泡沫驱的优选参数为：起泡剂为 XHY-4、有效浓度为 0.08%、主段塞为 0.45 PV、前置段塞为 0.2%（有效）×0.018 PV、气/液比为 1.0/1.0、交替周期为 50 d、注入速度为目前实际工作制度的 2.0 倍。在上述参数的基础上模拟计算最优空气泡沫驱油效果，如表 5-19 所示。

表 5-19　主段塞为 0.45 PV 时，最佳泡沫方案驱油效果

当量/实际	提高采收率/%OOIP	增油量/10^4 t	吨起泡剂增油量/(t/t)	综合指标
3645.39/1230	16.38	43.01	117.98	19.32

由上表可知，优化后的空气泡沫驱方案比水驱提高采收率 16.38%OOIP，增油 $43.01×10^4$ t，吨起泡剂增油量为 118 t。该方案的综合含水、累产油量、日产油量、累计注水量、累计注气量和水驱预测到综合含水 90% 时的曲线，如彩图 150～彩图 154 所示。

由彩图 150～彩图 154 可知，空气泡沫驱最佳方案于 2013 年 5 月 1 日开始进行泡沫驱，在 2014 年 9 月 18 日即注泡沫 16.5 个月后，全区综合含水开始下降，到 2015 年 7 月 3 日即注空气泡沫 15 个月后，全区综合含水下降到最低值位 38.25%。在 2016 年 1 月到 2031 年 5 月的 15 年又 5 个月（65 个月）的时间内，全区综合含水由 64% 逐渐上升到 87%。到 2031 年 5 月注泡沫结束，含水率开始快速上升，后与水驱综合含水的预测曲线重合。在整个泡沫注入时间段内，综合含水下降 4%～45%，见效总时间持续 19 年。同时日产油量从 50.00 m³/d 上升到最大 374.78 m³/d，最大日增油量 324.78 m³/d。

彩图 153 和彩图 154 是日注气量和日产气量变化图。从图中可知，从 2013 年 5 月注气开始，从 2016 年开始产气，主要产气阶段在 2016 年到 2031 年。累产气 2.56×10⁸ m³，累注气 2.67×10⁸ m³，存气率 4.12%。

此外，彩图 148～彩图 183 还分别给出了鲁克沁泡沫驱主力层第 2 层、3 层、4 层、6 层、7 层和层 8 层，注泡沫前、后以及含水上升到 90% 时、对应时刻水驱条件下的含油饱和度变化对比图。

彩图 155～彩图 160 还分别给出了第 2 数值模拟层，注泡沫前后及综合含水 90% 时含油、含水饱和度分布图。

彩图 161～彩图 166 还分别给出了第 3 数值模拟层，注泡沫前后及综合含水 90% 时含油、含水饱和度分布图。

彩图 167～彩图 172 还分别给出了第 4 数值模拟层，注泡沫前后及综合含水 90% 时含油、含水饱和度分布图。

彩图 173～彩图 178 还分别给出了第 6 数值模拟层，注泡沫前后及综合含水 90% 时含油、含水饱和度分布图。

彩图 179～彩图 184 还分别给出了第 7 数值模拟层，注泡沫前后及综合含水 90% 时含油、含水饱和度分布图。

彩图 185～彩图 190 还分别给出了第 8 数值模拟层，注泡沫前后及综合含水 90% 时含油、含水饱和度分布图。

表 5-20　空气泡沫（调）驱实施方案及效果预测

| 方案 | 前置段塞 | | 主段塞 | | 注入时间/年 | 气液比/比值 | 交替周期/d | 见效时间/月 | 有效时间/年 | 最低含水 | | 提高采收率/% | 增油量/10⁴ t | 经济效益 | |
	浓度/%	大小/PV	浓度%	大小/PV						时间/d	最低值/%			投入产出比/比值	利润率/%
深部调驱	0.2	0.002	0.1	0.15	8	1∶1	30	3.7	21	2015	55.70	11.39	29.92	20.65	95.16
泡沫驱	0.2	0.018	0.1	0.45	18	1∶1	50	16.5	19	2016	38.25	16.38	43.01	12.09	91.73

5.5　小　　结

建模试验区面积 1.3 km²，纵向上目的层划分为 10 个有效模拟层和 2 个隔（夹）层，共计 12 个模拟层。网格横向步长为 20 m，目的层三维网格数为 65604 个。地质储量

890.63×10^4 t，与容积法计算地质储量 896×10^4 t 相比，相对误差 0.7%。

全区历史累产油量 423074 t，数值模拟累产油量 433600 t，相对误差 2.48%。全区共有生产井 42 口，其中拟合较好和一般的生产井共 37 口，占全部模拟井数的 88%，达到了数值模拟水驱拟合基本符合实际情况井数 2/3 的要求。当全区综合含水上升到 90% 时，试验区累积产出原油 593594 t，水驱采收率 22.60%。

空气泡沫深部调驱最佳方案：有效浓度为 0.08% 的起泡剂 XHY-4，段塞 0.15 PV；前置段塞 0.2%（有效）$\times 0.002$ PV；气液比为 1.0：1.0、交替周期为 30 d、注入速度为目前实际工作制度的 1.5 倍。最优方案提高采收率 11.39%OOIP，即增油量 29.92×10^4 t，吨起泡剂增油量为 253 t。

空气泡沫驱最佳方案：有效浓度为 0.08% 的起泡剂 XHY-4、段塞为 0.45 PV；前置段塞为 0.2%（有效）$\times 0.018$ PV；气液比为 1.0：1.0、交替周期为 50 d、注入速度为目前实际工作制度的 2.0 倍。优化方案比水驱提高的采收率 16.38%OOIP，即增油 43.01×10^4 t，吨起泡剂增油量 118 t。

第6章 配注工艺技术研究

为使鲁克沁稠油空气稠油泡沫驱先导性矿场试验顺利进行且对注入的起泡剂、气体准确控制及计量，特对矿场试验配注工艺技术进行研究。

在前面完成的室内实验及评价的基础上，特别是在对溶解性实验和起泡剂与污水的配伍性实验的认识上，根据油水井配产配注的要求及鲁克沁中区现有的水源水质，并结合现有的起泡剂配注工艺，确定鲁克沁中区空气稠油泡沫驱先导性矿场试验区的配注工艺采用单井静脉注射、起泡液与空气交替注入的工艺。泡沫调驱最佳方案：有效浓度为0.080%的起泡剂 XHY-4，段塞 0.15 PV，前置段塞 0.2%（有效）×0.002 PV，气液比为1.0/1.0，交替周期为 30 d，注入速度为目前实际工作制度的 1.5 倍。空气泡沫驱最佳方案：有效浓度为 0.10%的起泡剂 XHY-4，段塞为 0.45 PV，前置段塞为 0.2%（有效）×0.018 PV，气液比为 1.0/1.0，交替周期为 50 d，注入速度为目前实际工作制度的2.0 倍。

6.1 起泡剂的配注工艺

6.1.1 静脉注射配注工艺

利用鲁克沁中区现有水源，并根据来水流量及来水压力，将流动状态的起泡剂XHY-4 通过计量泵，与注入水稀释后，达到方案规定的起泡剂有效浓度 0.08%。其中，注入水可以是实际注入（清）水、产出水或它们的混合水。流程示意图如图 6-1 所示。

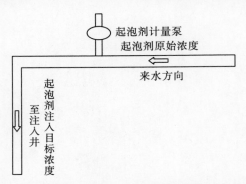

图 6-1 鲁克沁空气泡沫驱起泡剂静脉注入工艺

静脉注射配注工艺的优点是工艺简单、易于操作和管理。缺点是起泡液浓度与来水压力、起泡剂泵排量及精度有关。特别是来水压力，对浓度影响较大。对于准确控制目标浓度 0.10％具有一定难度，实际浓度具有一定波动性，但只要来水压力波动不大，可以满足实际需要。

值得注意的是，可以 4 口井总静脉注入，单井按照配注量分液，也可以 4 口井单井分别采取静脉注射工艺。

建议鲁克沁空气泡沫驱起泡剂配注工艺采取静脉注射、单井分液方式注入。

6.1.2　罐配工艺技术

该工艺用鲁克沁试验区现有水源(清水、污水或清污混合)，将起泡剂 XHY-4 原始产品，通过计量泵(或其他可以计量的方法)置入溶解罐的方法(图 6-2)。配制起泡液时，首先将注入水置入 20 m³ 的溶解罐中，约满罐的 40％～60％时，再泵入起泡剂原液并搅拌，直至达到满罐刻度线(自动计量)，确保溶解罐中起泡剂的有效浓度达到配方规定的0.08％(允许的误差范围内)。

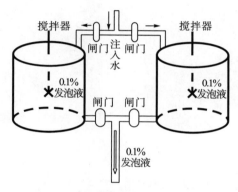

图 6-2　鲁克沁空气泡沫驱起泡剂溶解罐配注工艺

这种方法的优点是起泡剂浓度易于控制、波动性小，缺点是工艺相对复杂、不易操作和管理。

特别需要说明的是，起泡剂在配制搅拌过程中极易起泡、溢出配置罐，导致计量不准及配注站泡沫污染。

6.2　空气注入工艺

根据鲁克沁原油氧化爆炸研究结果，原油氧化后，气体组分中的 O_2 含量在 5％～6％，低于爆炸极限值 10.89％。也就是说，鲁克沁空气泡沫驱注入的空气，由于稠油氧化，消耗了空气中大量的 O_2，使得气体组分中 O_2 的含量低于 10.89％，不会发生爆炸。

可见，鲁克沁油田空气泡沫驱的空气，无需进行除氧处理。

根据油田实际，采用 W-10/350-D 型撬装式空气压缩机，如图 6-3 所示。其主要技术参数为：

1. 螺杆＋W 型四级差式；
2. 流量：10 m³/min；

3. 进气压力 MPa：大气压；

4. 排气压力：34.3 MPa；

5. 进气温度：20℃；

6. 排气温度：160℃；

7. 额定功率：234 kW；

8. 转速：2280 r/min；

9. 储气罐容积：0.038 m^3；

10. 储气罐压力：37 MPa；

11. 储气罐温度：100℃；

12. 储气罐重量：250 kg

图 6-3　W-10/350-D 型撬装式空气压缩机

6.3　发泡工艺技术

根据泡沫腐蚀实验结果，空气/发泡液混合注入时将导致严重的腐蚀，甚至出现了空气泡沫驱整体技术经济效果理想，但由于腐蚀严重，而导致不能大规模推广应用。因此，对于空气泡沫驱来说，研究发泡工艺技术具有重要意义。

事实上，泡沫驱注入工艺中，导致严重腐蚀的主要原因是由于空气中含有 20％的 O_2。当空气与水混合，特别是含有无机盐的起泡剂 XHY-4 混合时，同时存在严重的 O_2 腐蚀和盐腐蚀。最终导致油管在短时间内产生严重腐蚀。

显然，在不影响空气泡沫驱油效果的同时，解决空气泡沫驱注入工艺中存在的腐蚀问题，主要方法是使气液分注。

6.3.1　井底发泡工艺技术

前面提到，在相同条件下，泡沫驱的驱油效果大于气液交替泡沫驱的驱油效果。因此，鲁克沁空气泡沫驱注入工艺可以采用井底发泡的方法。其工艺示意见图 6-4。

该工艺的核心是采用油管注空气、套管注起泡剂，气液在井底于泡沫发生器高速旋转混合而产生泡沫，产生的泡沫被注入油层。

显然，该方法避免了油管中空气与起泡液混合时产生的严重污染，还实现了具有理想驱油效果的泡沫驱提高采收率方法。

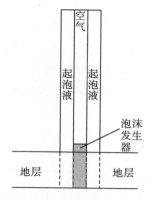

图 6-4　井底发泡工艺示意图

6.3.2　气液交替注入工艺技术

气液交替注入方法，同样也避免了油管中空气与起泡液混合时产生的严重污染。但该方法的发泡作用，主要是利用气液在油层岩石孔隙介质中渗流作用而产生泡沫。

显然，交替注入就是注入一段时间的起泡液，再注入一段时间的空气。均通过油管注入。由于气体和液体分开注入且相隔一定时间，因此对油管和套管的腐蚀不大。

交替周期和频率根据室内实验和数值模拟结果确定，泡沫调驱周期为 30 d，泡沫驱交替周期为 50 d。

6.4　水井注入量

6.4.1　泡沫深部调驱注入量

空气泡沫深部调驱方案所确定的日注量为水驱注入速度的 1.5 倍，则试验区内 4 口注入井 YD203、YD3-3、YD2-42、YD204-19 水驱日量分别为 45 m^3/d、40 m^3/d、50 m^3/d 和 45 m^3/d。同理，泡沫驱日注量分别提至 67.5 m^3/d、60 m^3/d、75 m^3/d 和 67.5 m^3/d。4 口注入井的日注入量为 270 m^3/d，则共注 2920 d。4 口注入井具体如下分析，见表 6-1。

YD203 井的日注量为 67.5 m^3/d，起泡剂有效物用量为 2.8125 kg/h。因此，向注水管线注入起泡剂的螺杆定量泵的速度为 2.8125 kg/h（有效物）。根据液注入量，地下空气注入与之相同，即 67.5 m^3/d，折算为地面体积为 14715 m^3/d，即 613.125 m^3/h。

YD3-3 井的日注量为 60 m^3/d，即 2.5 m^3/h，起泡剂用量为 2.5 kg/h（有效）。因此，向注水管线注入起泡剂的螺杆定量泵的速度为 2.5 kg/h（有效）。根据液注入量，地下空气注入 60 m^3/d，折算为地面体积为 13080 m^3/d，即 545 m^3/h。

YD2-42 井的日注量为 75 m^3/d，即 3.125 m^3/h，起泡剂使用量为 3.125 kg/h（有效）。因此，向注水管线注入起泡剂的螺杆定量泵的速度为 3.125 kg/h（有效）。同样，地下空气日注量为 75 m^3/d，折算为地面体积为 16350 m^3/d，即地面空气注入速度681.25 m^3/h。

YD204-19 井的日注量为 67.5 m^3/d，即 2.8125 m^3/h，起泡剂使用量为 2.8125 kg/h（有效）。因此，向注水管线注入起泡剂的螺杆定量泵的速度为 2.8125 kg/h（有效）。根据液注入量，地下空气注入 67.5 m^3/d，折算为地面体积为 14715 m^3/d，即 613.125 m^3/h。

考虑到地层水以及油层岩石对起泡剂的稀释及吸附滞留作用，进行矿场试验时，先注入 58 天 0.2%（有效浓度）高浓度起泡剂前置段塞。

6.4.2 空气泡沫驱注入量

由于空气泡沫驱方案确定注入速度为水驱注入速度的 2 倍，则试验区内 4 口注入井 YD203、YD3-3、YD2-42、YD204-19 水驱注入速度分别为 45 m^3/d、40 m^3/d、50 m^3/d 和 45 m^3/d，则泡沫驱注入速度分别提至 90 m^3/d、80 m^3/d、100 m^3/d 和 90 m^3/d。注入井组日注入量为 360 m^3/d，则共注 6750 d。具体分析如下：

YD203 井的日注量为 90 m^3/d，即 3.75 m^3/h，起泡剂使用量为 3.75 kg/h（有效物）。因此，向注水管线注入起泡剂的螺杆定量泵的速度为 3.75 kg/h（有效物）。根据液注入量，地下空气注入 90 m^3/d，折算为地面体积为 19620 m^3/d，即 817.5 m^3/h。

YD3-3 井的日注量为 80 m^3/d，即 3.34 m^3/h，起泡剂使用量为 3.34 kg/h（有效浓度）。因此，向注水管线注入起泡剂的螺杆定量泵的速度为 3.34 kg/h（有效浓度）。根据液注入量，地下空气注入 80 m^3/d，折算为地面体积为 17440 m^3/d，即 726.67 m^3/h。

YD2-42 井的日注量为 100 m^3/d，即 4.17 m^3/h，起泡剂使用量为 4.17 kg/h（有效物）。因此，向注水管线注入起泡剂的螺杆定量泵的速度为 4.17 kg/h（有效物）。根据液注入量，地下空气注入 100 m^3/d，折算为地面体积为 21800 m^3/d，即 908.33 m^3/h。

YD204-19 井的日注量为 90 m^3/d，即 3.75 m^3/h，起泡剂使用量为 3.75 kg/h（有效浓度）。因此，向注水管线注入起泡剂的螺杆定量泵的速度为 3.75 kg/h（有效浓度）。根据液注入量，地下空气注入 90 m^3/d，折算为地面体积为 19620 m^3/d，即 817.5 m^3/h。

考虑到地层水以及油层岩石对起泡剂的稀释及吸附滞留作用，进行矿场试验时，先注入 526 d 浓度为 0.2%（有效浓度）的高浓度起泡剂前置段塞。

6.5 注入工艺要求

为了保证这次鲁克沁空气泡沫驱先导性矿场试验顺利进行并准确、正确和客观地评价技术效果，应严格按照本方案的规定进行先导性矿场试验。

6.5.1 强制性规定

YD203、YD3-3、YD2-42 和 YD204-19 井组四口注入井的注入压力必须小于油层破裂压力，否则减慢注入速度；油井产量按比例同减。

配制的起泡剂 XHY-4 浓度和井口浓度必须在方案设计允许的误差范围内，否则不得注入油层。

在油水井检修、作业或其他原因停注时，在此期间不得注水，除非方案规定的其他测试作业。

6.5.2　管柱的要求

生产井试验层以下绝对密封且无漏点，井况良好，各井均能测定油层中部压力，部分井能测产液剖面。

注入井组采用防腐油管，目的层以下绝对密封。

各种计量仪表、设备及仪器要按规定校验，以保证录取资料及时正确。

6.5.3　资料录取及要求

1. 常规资料的录取

投产初期，生产井单井（YD2-121 井、YD3-9 井、YD2-40 井、YD204-32 井、YD2-41 井、YD3-6 井、YD204-31 井、YD2-122 井、YD2-130 井、YD2-120 井、YD204-17 井、YD2-131 井、YD2-36 井、YD2-113 井、YD2-43 井及 YD2-123 井）每天量油一次，每天测气一次；正常生产后，每 5 d 量油、量气各一次。

每天记录注入井组及单井（YD203、YD3-3、YD2-42 和 YD204-19 井）注气、注液或后续水驱的注入量、注入压力（油压、套压）。

每天记录生产井组及单井（YD2-121 井、YD3-9 井、YD2-40 井、YD204-32 井、YD2-41 井、YD3-6 井、YD204-31 井、YD2-122 井、YD2-130 井、YD2-120 井、YD204-17 井、YD2-131 井、YD2-36 井、YD2-113 井、YD2-43 井及 YD2-123 井）产液量、日产油（气）量、含水率、流动压力。

2. 特殊资料的录取

为了研究和评价鲁克沁空气泡沫驱先导性矿场试验对提高油层波及体积的实际和真实的作用和效果，确定并给出各生产井泡沫体系注入前后产出水矿化度以及各项离子组成的变化情况，在进行泡沫驱期间以及后续水驱阶段，每 7 d 对各生产井（YD2-121 井、YD3-9 井、YD2-40 井、YD204-32 井、YD2-41 井、YD3-6 井、YD204-31 井、YD2-122 井、YD2-130 井、YD2-120 井、YD204-17 井、YD2-131 井、YD2-36 井、YD2-113 井、YD2-43 井及 YD2-123 井）的总矿化度和 Na^+、Mg^{2+}、Ca^{2+}、Cl^-、SO_4^{2-}、CO_3^{2-}、HCO_3^- 离子含量以及 pH 分析测试一次。

为了研究和评价鲁克沁空气泡沫驱先导性矿场试验驱油体系在油层中的线速度、吸附滞留规律等重要参数，应给出各生产井起泡剂 XHY-4 产出浓度的变化情况。在进行泡沫驱之前，先测定生产井组及起泡剂的本底浓度。在泡沫体系注入期间以及后续水驱期间，每 7 d 对生产井组（YD2-121 井、YD3-9 井、YD2-40 井、YD204-32 井、YD2-41 井、YD3-6 井、YD204-31 井、YD2-122 井、YD2-130 井、YD2-120 井、YD204-17 井、YD2-131 井、YD2-36 井、YD2-113 井、YD2-43 井及 YD2-123 井）的产出液中起泡剂剂含量（浓度）测试一次，计算起泡剂 XHY-4 的总产出量及滞留量。

为了研究和评价泡沫驱对提高油层波及体积的作用和效果并给出泡沫体系注入前后注入井组的吸水状况的变化情况，在进行泡沫驱之前，先测定各注入井水驱条件下的吸水剖面作为对比基础。在泡沫驱注入正常后，每年测定一次该井的吸水剖面；在后续水驱后的 60～90 d 内，测定各注入井（YD203、YD3-3、YD2-42 和 YD204-19 井）的吸水剖面。

为了对比泡沫体系注入前后注入井启动压力和指示曲线的变化情况，在进行泡沫驱之前、期间以及后续水驱期间，测定注入井（YD203、YD3-3、YD2-42 和 YD204-19 井）的启动压力和指示曲线。

为了对比泡沫体系注入前后注入井吸水指数的变化情况，在水驱阶段、泡沫驱油体系注入阶段以及后续水驱阶段，研究各注入井（YD203、YD3-3、YD2-42 和 YD204-19 井）的吸水指数变化规律。

为了对比泡沫体系注入前后生产井产液和产油能力的变化情况，在水驱阶段、泡沫驱注入阶段以及后续水驱阶段，研究和分析各生产井（YD2-121 井、YD3-9 井、YD2-40 井、YD204-32 井、YD2-41 井、YD3-6 井、YD204-31 井、YD2-122 井、YD2-130 井、YD2-120 井、YD204-17 井、YD2-131 井、YD2-36 井、YD2-113 井、YD2-43 井及 YD2-123 井）的产液指数及产油指数的变化规律。

在水驱阶段、泡沫体系注入期间以及后续水驱期间和结束时，测定目的层的地层压力。

3. 起泡剂注入浓度的监测

为了确保矿场试验的成功，要求注入井（玉东 203、玉东 3-3、玉东 2-42 和玉东 204-19 井）日注入量、起泡剂的浓度必须符合方案设计规定的要求和技术指标：

初期阶段，每 2～4 h 检测一次注入井（玉东 203、玉东 3-3、玉东 2-42 和玉东 204-19 井）的井口起泡剂 XHY-4 的有效浓度；正常后每天监测一次注入井（玉东 203、玉东 3-3、玉东 2-42 和玉东 204-19 井）井口发泡剂浓度以及体系与原油的界面张力。

每天统计一次单井及井组起泡剂 XHY-4 商品实际用量及累积用量。

每天统计一次单井及井组空气实际注入量及空气累积注入量。

4. 泡沫驱效果评价资料的整理

注入井组及单井（玉东 203、玉东 3-3、玉东 2-42 和玉东 204-19 井）Hall 曲线（从水驱开发到整个试验结束：累积注入量—累积注入压力关系曲线）。

全试验区开发曲线的绘制（从水驱开发到整个试验结束：累积采油量—含水率关系曲线）。

生产井单井（玉东 2-121 井、玉东 3-9 井、玉东 2-40 井、玉东 204-32 井、玉东 2-41 井、玉东 3-6 井、玉东 204-31 井、玉东 2-122 井、玉东 2-130 井、玉东 2-120 井、玉东 204-17 井、玉东 2-131 井、玉东 2-36 井、玉东 2-113 井、玉东 2-43 井及玉东 2-123 井）开发曲线的绘制（从水驱开发到整个试验结束：累积采油量—含水率关系曲线）。

注入井玉东 203、玉东 3-3、玉东 2-42 和玉东 204-19 井注入量或注入时间与注入压力、起泡剂浓度、油水界面张力以及吸水指数的关系曲线。

注入井玉东 203、玉东 3-3、玉东 2-42 和玉东 204-19 井注入量或注入时间与全区生产井(玉东 2-121 井、玉东 3-9 井、玉东 2-40 井、玉东 204-32 井、玉东 2-41 井、玉东 3-6 井、玉东 204-31 井、玉东 2-122 井、玉东 2-130 井、玉东 2-120 井、玉东 204-17 井、玉东 2-131 井、玉东 2-36 井、玉东 2-113 井及玉东 2-43 井及玉东 2-123 井)的日产液量、日产油量、累积产液量、累积产油量、综合含水、起泡剂产出浓度、油水界面张力、总矿化度、Cl^- 离子含量、产液指数、产油指数以及流动压力的关系曲线。

注入量或注入时间与生产井(玉东 2-121 井、玉东 3-9 井、玉东 2-40 井、玉东 204-32 井、玉东 2-41 井、玉东 3-6 井、玉东 204-31 井、玉东 2-122 井、玉东 2-130 井、玉东 2-120 井、玉东 204-17 井、玉东 2-131 井、玉东 2-36 井、玉东 2-113 井及玉东 2-43 井及玉东 2-123 井)的单井日产液量、日产油量、累积产液量、累积产油量、含水率起泡产出浓度、总矿化度、Cl^- 离子含量、产液指数、产油指数和流动压力的变化曲线。

6.6　结　　论

空气泡沫流体沿流动方向有前沿、中部及后部三个渗流条带,三个渗流条带的渗流方式各不相同,前沿条带为 O/W 或 W/O 型乳状液渗流,中部条带共存着乳状液及泡沫渗流,后部条带主要为泡沫渗流。稠油泡沫驱微观驱油机理为乳化分离、剥离油膜、泡沫搅动、堵塞大喉道及高黏度控制流度比,稀油泡沫驱微观驱油机理有类似稠油中的乳化、堵塞大喉道及高黏度控制流度比,但由于稀油原油黏度小,小气泡易挤入原油产生挤入、切割原油现象,稀油泡沫驱的这种特性与稠油泡沫驱微观驱油机理不相同。

稠油与空气在油藏条件下氧化反应的能力好。压力、温度越高,空气与原油的反应,生成的气体越多,耗氧率越大,油气比为 1∶2 时,与原油的反应最激烈。通过对比反应前后的组分可知,原油在不同条件下与空气反应后,组分变化也不相同,其重质组分(胶质、沥青质)含量减小,轻质组分(饱和烃、芳香烃)含量增加,原油黏度减小。而 O_2 的含量伴随着压力、温度的增加而减少,轻烃等气体在增加。在油藏条件下经过反应后最终 O_2 的含量减少到 1.8%,CO_2 及轻烃的总量增加到 4.7%。甲烷爆炸极限为 4.78%~16.9%,并且确定鲁克沁稠油安全进行空气泡沫驱的临界含氧量为 10.1%,而室内试验表明空气与稠油在油藏温度和压力条件下发生氧化反应的最终含氧量为 1.8%,远远低于 10.1%,因此鲁克沁油藏进行空气泡沫驱是安全可行。

在油层温度 80℃、地层水矿化度 160599 mg/L、原油地面黏度 268 mPa·s 的条件下对起泡剂七种泡沫体征参数研究,得到适合目标油藏条件的泡沫体系为:0.08% 的 XHY-4+空气。此时其泡沫体积 650 mL、泡沫半衰期 559 s、析液半衰期 84 s、消泡时间 210 min、黏度 749.8 mPa·s 和综合指数 363350 mL·s。而且起泡剂 XHY-4 不仅在超低浓度(0.0001%)具有较好的发泡能力,其在高盐条件下仍然具有较高的发泡能力(泡沫体积 650 mL)和较长的泡沫半衰期 $t_{1/2}$(84 s),而在高压条件下,表征泡沫起泡性能发泡体积和稳定性能的泡沫半衰期 $t_{1/2}$ 随压力的上升而增高,有利于泡沫发泡及其稳定性。并且起泡剂界面张力的数量级一致保持在 10^{-1}~10^0 mN/m,虽未达到超低界面张力，但对降低界面张力有一定的作用。

而空气泡沫性能评价表明：填砂管渗透率大于 463×10^{-3} μm^2 后，渗透率对阻力系数影响较小，表明渗透率对泡沫性能影响较小；同时也得到泡沫体系的临界起泡渗流速度为 0.7 m/d，临界起泡含油饱和度为 21%。

驱油实验表明：空气泡沫驱的采收率在水驱的基础上有明显提高的趋势，其中在低渗管上采收率增加的幅度比较大。在经历空气泡沫驱后，低渗管的分流量相对水驱过程也有增加的趋势，改善了其驱油效果。并且实验结果也证明天然油砂与石英砂填充模型驱油效果接近，室内评价实验可靠性高；空气泡沫驱具有较好地封堵高渗层和大孔道的作用，可以改善高低渗油层的分流量。

稠油空气泡沫深部调驱最佳方案：有效浓度为 0.08% 的起泡剂 XHY-4，段塞 0.15 PV；前置段塞 0.2%（有效）$\times 0.002$ PV；气液比为 $1.0/1.0$，交替周期为 30 d，注入速度为目前实际工作制度的 1.5 倍。最优方案提高采收率 11.39% OOIP，即增油量 29.92×10^4 t，吨起泡剂增油量为 253 t。而稠油空气泡沫驱最佳方案：有效浓度为 0.08% 的起泡剂 XHY-4，段塞为 0.45 PV；前置段塞为 0.2%（有效）$\times 0.018$ PV；气液比为 $1.0/1.0$，交替周期为 50 d，注入速度为目前实际工作制度的 2.0 倍。优化方案比水驱提高的采收率 16.38% OOIP，即增油 43.01×10^4 t，吨起泡剂增油量 118 t。

参 考 文 献

曹嫣镔，刘冬青，唐培忠，等．2006．泡沫体系改善草20区块多轮次吞吐热采开发效果技术研究[J].
  石油钻探技术，34(2)：65—68

陈振业．2009．稠油油藏注气开采技术研究[D]．北京：中国石油大学博士学位论文

程月．2007．空气低温氧化原油组成和气体组成变化规律研究[D]．哈尔滨：哈尔滨工程大学博士学位
  论文

程月，张忞．2007．低温氧化对原油组成的影响[J]．化学研究，18(1)：67—69

刁素．2006．高温高盐泡沫体系及性能研究[D]．成都：西南石油大学博士学位论文

郭万奎，廖广志，邵振波，等．2003．注气提高采收率技术[M]．北京：石油工业出版社

郭志伟，徐昌华，路遥，等．2006．泡沫起泡性、稳定性及评价方法[J]．化学工程师，4：51—54

郭尚平．1997．中国石油天然气总公司院士文集[M]．北京：中国百科全书出版社

郭东红，李森，袁建国．2002．表面活性剂驱的驱油机理与应用[J]．精细石油化工进展，3(7)：36—44

郭兰磊．2012．泡沫体系多流态渗流特征试验[J]．中国石油大学学报（自然科学版），36(3)：126—129

胡茂众，郑秀华．1992．泡沫剂性能的测试方法与评价[J]．西部探矿工程，1(3)：6—11

黄浩，李华斌．2013．高压下泡沫性能参数的研究[J]．科学技术与工程，13(3)：694—696

侯胜明，于洪敏，牛保伦，等．2009．多孔介质中空气泡沫复合驱微观驱油机理研究[M]．东营：中国
  石油大学出版社

侯永利，李翔．2011．渤海油田氮气泡沫与水交替注入提高采收率室内实验研究[J]．油气地质与采收
  率，18(6)：56—58

吉亚娟．2008．注空气采油井下石油气燃爆特性的研究[D]．北京：中国石油大学博士学位论文

姜继水，宋吉水．2003．提高石油采收率技术[M]．北京：石油工业出版社

寇建益．2008．温度变化对原油低温氧化过程影响研究[D]．北京：中国科学院研究生院博士学位论文

李华斌，赵化廷，赵普春，等．2006．中原高温高盐油藏疏水缔合聚合物凝胶调剖剂研究[J]．油田化
  学，23(1)：50—53

李凯凯，杨其彬．2008．空气驱油安全控制研究[J]．断气油气田，15(5)：93—95

李雪松，王军志，王曦．2009．多孔介质中泡沫驱油微观机理研究[J]．石油钻探技术，37(5)：109—113

李颖川．2002．采油工程[M]．北京：石油工业出版社

李兆敏，董贤勇．2009．泡沫流体油气开采技术研究进展[M]．东营：中国石油大学出版社

李兆敏，孙茂盛，林日亿，等．2007．泡沫封堵及选者性分流实验研究[J]．石油学报，28(4)：115—118

刘新光，程林松，庞占喜．2008．多孔介质中稳定泡沫的封堵性能实验研究[J]．石油天然气学报（江汉
  石油学院学报），30(4)：129—136

刘遥，刘易非，陈艳．2010，轻油注空气静态低温氧化实验研究[J]．特种油气藏，17(3)：96—98

刘泽凯，阚家华．1996．泡沫驱油在胜利油田的应用[J]．油气采收率技术，3(3)：23—29

刘中春，侯吉瑞，岳湘安，等．2003．泡沫复合驱微观驱油特性分析[J]．中国石油大学学报（自然科学
  版），27(1)：49—54

吕鑫，岳湘安．2005．空气－泡沫驱提高采收率技术的安全性分析[J]．油气地质与采收率，12(5)：44—46

马宝岐，詹少淮．1990．泡沫特性的研究[J]．油田化学，4：334—338

马文英，王中华，曹品鲁．2010．泡沫流体在油田的应用[J]．油田化学，27(2)：221—226

宁创，张冠华，张丽伟．2013．唐80井区空气泡沫驱先导试验[J]．广东化工，40(1)：49—50

潘广明，侯健．2013．冀东油田高浅北油藏天然气泡沫驱泡沫体系优选[J]．油田化学，30(1)：37—41

裴海华，葛际江，张贵才．2010．稠油泡沫驱和三元复合驱微观驱油机理对比研究[J]．西安石油大学学报(自然科学版)，25(1)：53—56

蒲万芬，彭陶钧，龚蔚，等．2008．自生泡沫驱油机理研究[J]．大庆石油地质与开发，27(2)：118—120

乔琦，吴永峰．2012．克拉玛依油田Ⅲ类砾岩油藏氮气泡沫驱可行性[J]．新疆石油地质，33(4)：464—466

秦积舜，李爱芬．2006．油层物理学[M]．东营：中国石油大学出版社

任韶然，于洪敏，左景栾，等．2009．中原油田空气泡沫调驱提高采收率技术[J]．石油学报，30(3)：413—416

宋育贤，周云霞，张为民．1997．泡沫流体在油田上的应用[J]．国外油田工程，1：5—8

孙灵辉，萧汉敏，刘卫东，等．2009．泡沫复合微观驱油机理实验研究[J]．辽宁工程技术大学学报(自然科学版)，4(28)：32—34

唐金库．2008．泡沫稳定性影响因素及性能评价技术综述[J]．舰船防化，4：1—8

唐晓东．2011．空气低温氧化体系对稠油组成的影响[J]．西南石油大学学报(自然科学版)，33(4)：150—152

Tore Blaker，高贵生．2003．利用泡沫控制Snorre油田的气体流度泡沫辅助水气交替注入项目[J]．石油勘探与开发，30(1)：108

万成力，汪莉．1999．可燃气体含氧气量安全限值的探讨[J]．中国安全科学报，9(15)：9—23

王海波，肖贤明．2008．泡沫复合驱体系稳定性及稳泡机理研究[J]．钻采工艺，31(1)：117—120

王增林．2007．强化泡沫驱提高原油采收率技术[M]．北京：中国科学技术出版社

王钊．2009．彩涂生产线固化炉安全分析[J]．制造业自动化，39(2)：121—124

翁高富．1998．百色油田上法灰岩油藏空气泡沫驱油先导试验研究[J]．油气采收率技术，5(2)：6—10

吴文祥．1999．泡沫复合驱微观驱油机理及泡沫复合体系在多孔介质中的流动特性研究[D]．大庆：大庆石油学院士研究生毕业论文

闫凤平，杨兴利，张建成．2008．空气－泡沫驱提高特低渗透油田采收率效果分析[J]．延安大学学报(自然科学版)，27(4)：58—60

杨成志．1996．化学驱油理论与实践 [M]．北京：石油工业出版社

杨红斌，蒲春生．2012．空气－泡沫调驱技术在浅层特低渗透低温油藏的适应性研究[J]．油气地质与采收率，19(6)：69—72

杨坷，徐守义．2009．微观剩余油实验方法研究[J]．断块油气田，16(4)：75—77

叶仲斌．2000．提高采收率原理[M]．北京：石油工业出版社

尹忠，陈馥，梁发书，等．2004．泡沫评价及发泡剂复配的实验研究[J]．西南石油学院学报，26(4)：56—58

尤源，岳湘安，韩树柏，等．2010．油藏多孔介质中泡沫体系的阻力特性评价及应用[J]．中国石油大学学报(自然科学版)，35(5)：94—99

于洪敏，任韶然，左景栾．2012．空气泡沫驱数学模型与数值模拟方法[J]．石油学报，33(4)：653—657

张力，董立全，张凯，等．2009．空气—泡沫驱技术在马岭油田实验研究[J]．新疆地质，27(1)：85—88

张思富，廖广志，张彦庆，等．2001．大庆油田泡沫复合驱油先导性矿场试验[J]．石油学报，22(1)：49—53

张勇. 2008. 天然气催化部分氧气催化剂及反应器放大研究[D]. 北京：中国石油大学博士学位论文

赵长久，麻翠节，杨振宇，等. 2005. 超低界面张力泡沫体系驱先导性矿场试验研究[J]. 石油勘探与开发，32(1)：127—130

周丹. 2011. 甘谷驿油田空气泡沫驱油适应性研究[D]. 西安：西北大学博士学位论文

周凤山. 1989. 泡沫性能研究[J]. 油田化学，6(3)：267—271

周国华，曹绪龙，王其伟，等. 2007. 交替式注入泡沫复合驱实验研究[J]. 西南石油大学学报（自然科学版），29(3)：94—96

Alireza Emadi. 2012. Visualization of oil recovery by CO_2-foam injection：effect of oil viscosity and gas type[J]. SPE，4：9—22

Alshmakhy A B. Maini B B. 2012. Foamy-oil-viscosity measurement[J]. Journal of Canadian Petroleum Technology，51(1)：60—65

Falls A H，Musters J J，Ratulowski J. 1989. Shell development Co. the apparent viscosity of foams in homogeneous bead packs[J]. SPE，9：155—164

Greaves M，Ren S R，Rathbone R R. 2000. Improve residual light oil recovery by air injection(LTO Process)[J]. Journal of Canadian Petroleum Technology，39(1)：57—61

Greaves M，Ren S R，Xia S R，et al. 1999. New air injection technology for IOR operationsin light and heavy oil reservoirs[J]. SPE，7：25—26

Huh C，Rossen W R. 2008. Approximate pore-level modeling for apparent viscosity of polymer-enhanced foam in porous media[J]. SPE，3：17—25

Kumar V K，Fassihi M R，Yannimaras D V. 1995. Case history and appraisal of the medicine pole hills unit air injection project[J]. SPE，8：198—202

Montes A R，moore R G，Mehta S A，et al. 2010. Is high-pressure air injection(HPAI)simply a flue-gas flood[J]. Journal of Canadian Petroleum Technology，49(2)：56—63

Nguyen A V，Harvey P A，Jameson G J. 2003. Influence of gas flow rate and frothers on water recovery in a froth column[J]. Minerals Engineering，16：1143—1147

Romero-Zeron L，Kantzas A. 2003. Pore level displacement mechanisms during foam flooding [C]. Alberta：Petroleum Society of Canada

彩 图

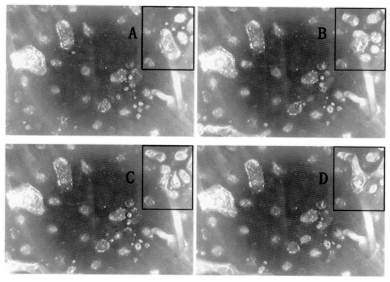

彩图 1　泡沫封堵过程

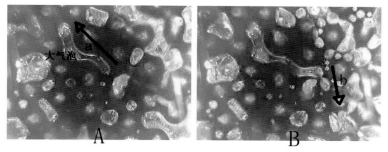

彩图 2　泡沫封堵大喉道

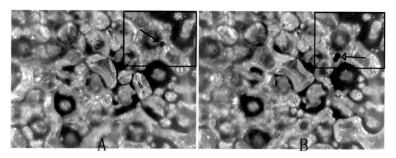

彩图 3　泡沫选择性堵塞喉道

彩图 4　饱和稠油的模型水驱后效果

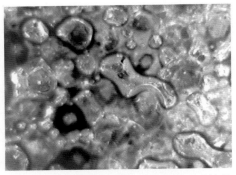

彩图 5　饱和稠油的模型空气泡沫驱后效果

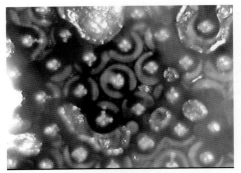

彩图 6　饱和稀油的模型水驱后效果

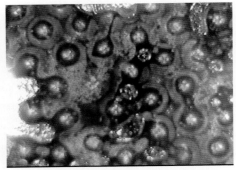

彩图 7　饱和稀油的模型空气泡沫驱后效果

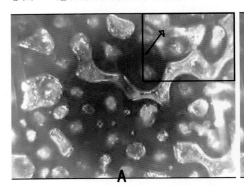

彩图 8　稠油乳化实验图

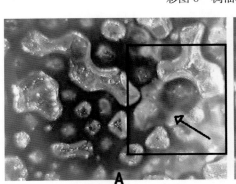

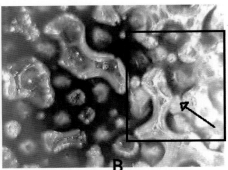

彩图 9　分离原油实验图

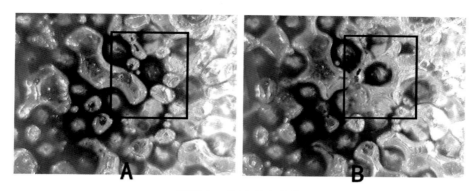

彩图 10　泡沫剥离油膜

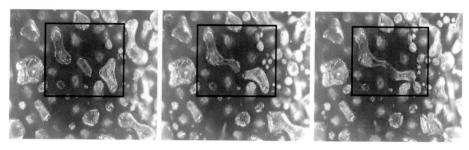

彩图 11　泡沫挤压携带油滴

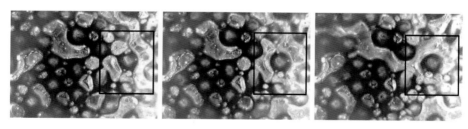

彩图 12　泡沫的搅动过程

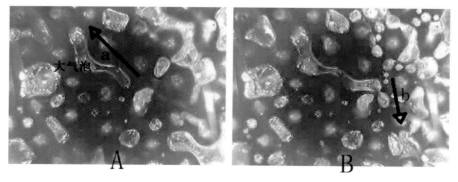

彩图 13　泡沫封堵大喉道

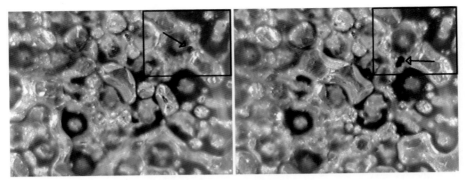

彩图 14　泡沫改善流度比

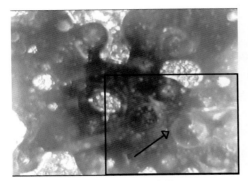

彩图 15　稀油乳化

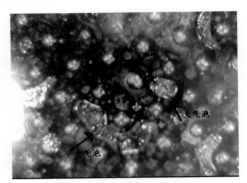

彩图 16　泡沫封堵大喉道

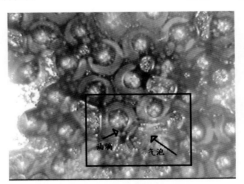

彩图 17　泡沫控制流度比

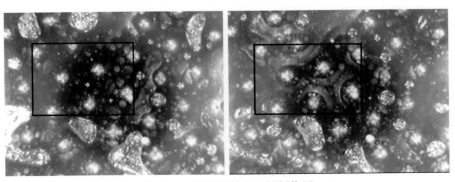

彩图 18　泡沫的挤入、切割作用

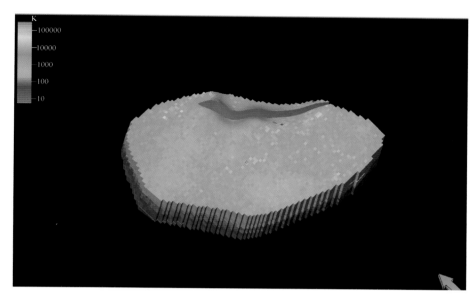

彩图 19　试验区目的层地质模型平面图

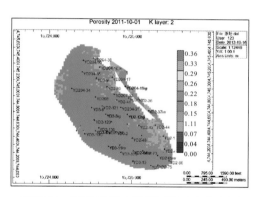

彩图 20　试验区第 2 模拟层孔隙度分布图

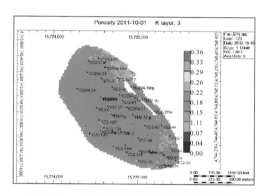

彩图 21　试验区第 3 模拟层孔隙度分布图

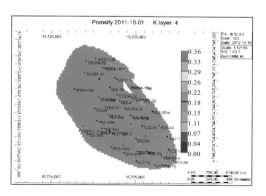

彩图 22　试验区第 4 模拟层孔隙度分布图

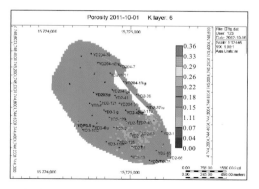

彩图 23　试验区第 6 模拟层孔隙度分布图

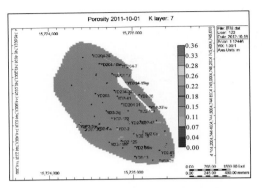

彩图 24　试验区第 7 模拟层孔隙度分布图

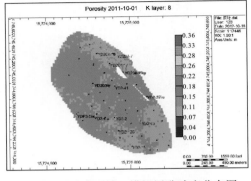

彩图 25　试验区第 8 模拟层孔隙度分布图

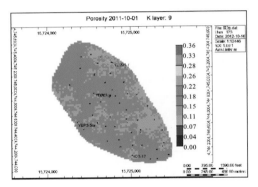

彩图 26　试验区第 9 模拟层孔隙度分布图

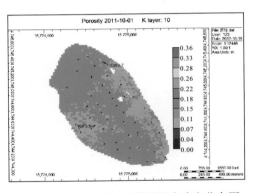

彩图 27　试验区第 10 模拟层孔隙度分布图

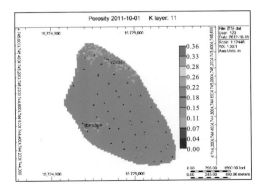

彩图 28　试验区第 11 模拟层孔隙度分布图

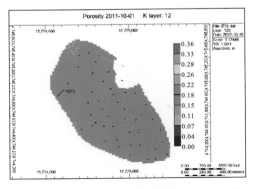

彩图 29　试验区第 12 模拟层孔隙度分布图

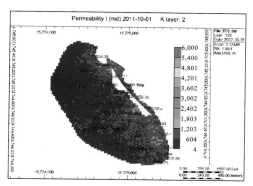

彩图 30　试验区第 2 模拟层渗透率分布图

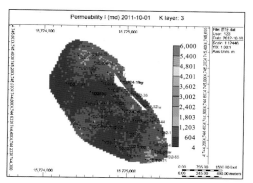

彩图 31　试验区第 3 模拟层渗透率分布图

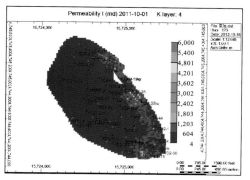

彩图 32　试验区第 4 模拟层渗透率分布图

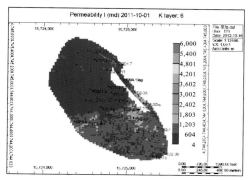

彩图 33　试验区第 6 模拟层渗透率分布图

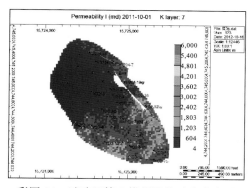

彩图 34　试验区第 7 模拟层渗透率分布图

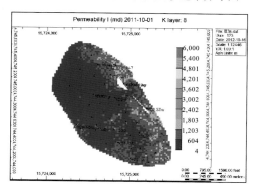

彩图 35　试验区第 8 模拟层渗透率分布图

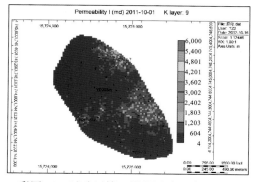

彩图 36　试验区第 9 模拟层渗透率分布图

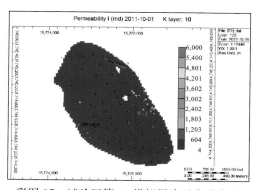

彩图 37　试验区第 10 模拟层渗透率分布图

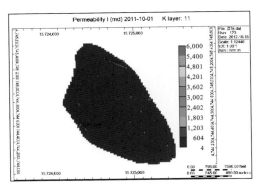

彩图 38 试验区第 11 模拟层渗透率分布图

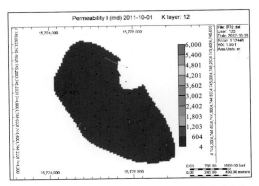

彩图 39 试验区第 12 模拟层渗透率分布图

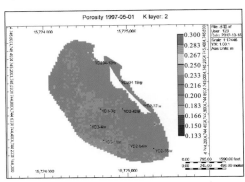

彩图 40 试验区第 2 模拟层孔隙度分布图

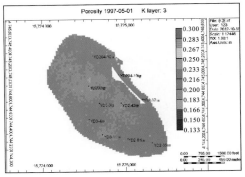

彩图 41 试验区第 3 模拟层孔隙度分布图

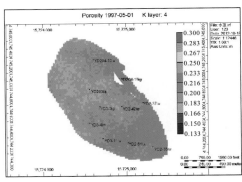

彩图 42 试验区第 4 模拟层孔隙度分布图

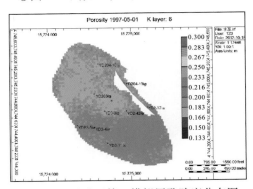

彩图 43 试验区第 6 模拟层孔隙度分布图

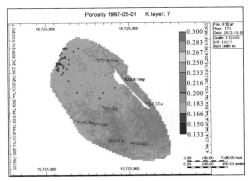

彩图 44 试验区第 7 模拟层孔隙度分布图

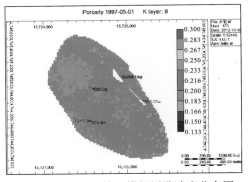

彩图 45 试验区第 8 模拟层孔隙度分布图

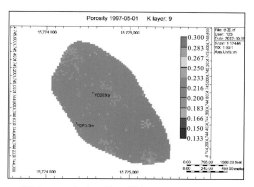

彩图 46　试验区第 9 模拟层孔隙度分布图

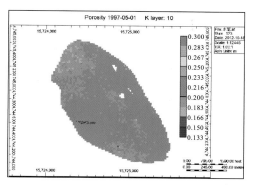

彩图 47　试验区第 10 模拟层孔隙度分布图

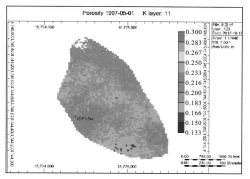

彩图 48　试验区第 11 模拟层孔隙度分布图

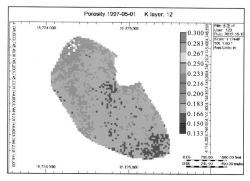

彩图 49　试验区第 12 模拟层孔隙度分布图

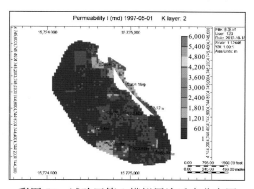

彩图 50　试验区第 2 模拟层渗透率分布图

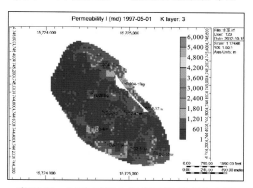

彩图 51　试验区第 3 模拟层渗透率分布图

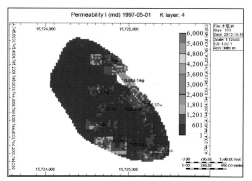

彩图 52　试验区第 4 模拟层渗透率分布图

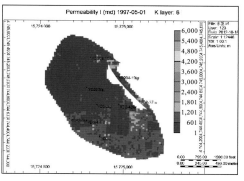

彩图 53　试验区第 6 模拟层渗透率分布图

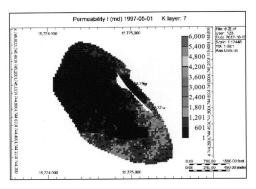

彩图 54　试验区第 7 模拟层渗透率分布图

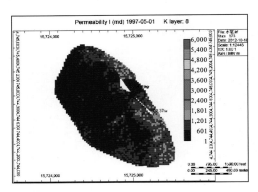

彩图 55　试验区第 8 模拟层渗透率分布图

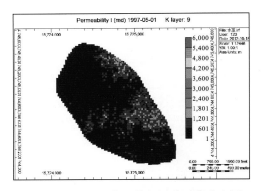

彩图 56　试验区第 9 模拟层渗透率分布图

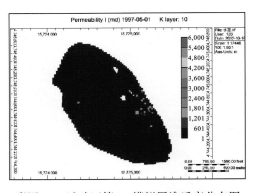

彩图 57　试验区第 10 模拟层渗透率分布图

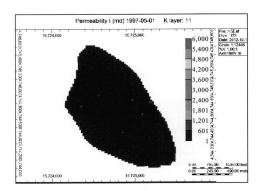

彩图 58　试验区第 11 模拟层渗透率分布图

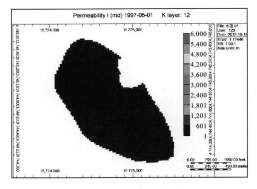

彩图 59　试验区第 12 模拟层渗透率分布图

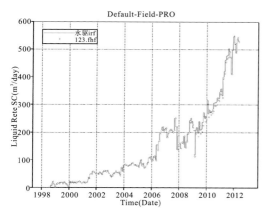

彩图 60　全区日产液拟合曲线

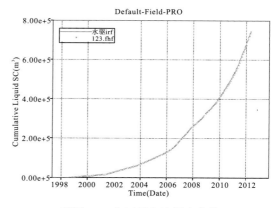

彩图 61　全区累产液拟合曲线

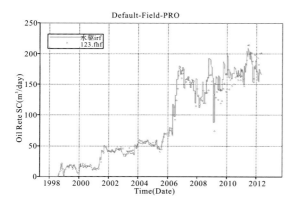

彩图 62　全区日产油拟合曲线

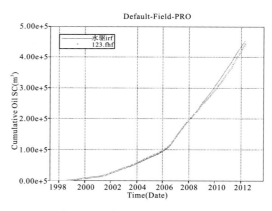

彩图 63　全区累产油拟合曲线

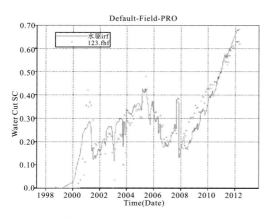

彩图 64　全区含水率拟合曲线

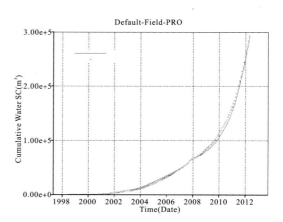

彩图 65　全区累积产水量拟合曲线

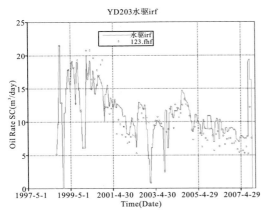

彩图 66　YD203 日产油拟合曲线

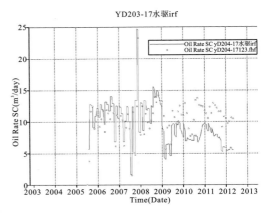

彩图 67　YD204-17 日产油拟合曲线

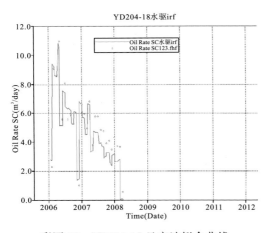

彩图 68　YD204-18 日产油拟合曲线

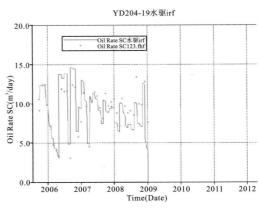

彩图 69　YD204-19 日产油拟合曲线

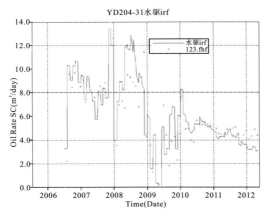

彩图 70　YD204-31 日产油拟合曲线

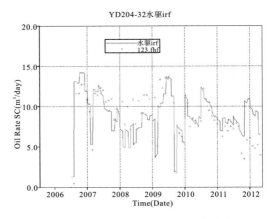

彩图 71　YD204-32 日产油拟合曲线

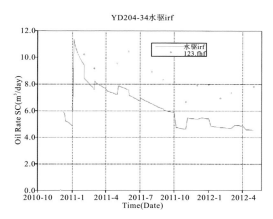

彩图 72　YD204-34 日产油拟合曲线

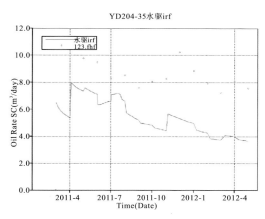

彩图 73　YD204-35 日产油拟合曲线

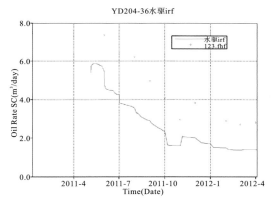

彩图 74　YD204-36 日产油拟合曲线

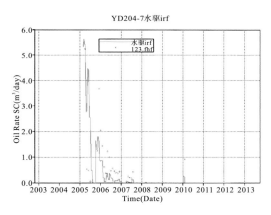

彩图 75　YD204-7 日产油拟合曲线

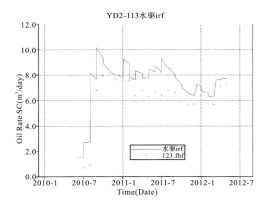

彩图 76　YD2-113 日产油拟合曲线

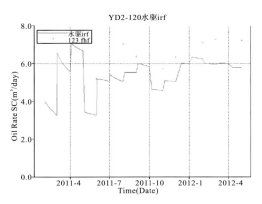

彩图 77　YD2-120 日产油拟合曲线

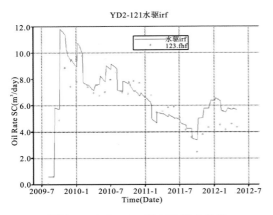

彩图 78　YD2-121 日产油拟合曲线

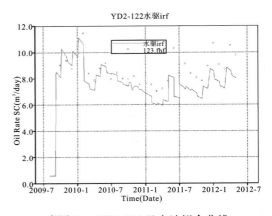

彩图 79　YD2-122 日产油拟合曲线

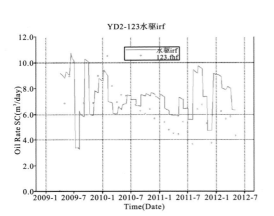

彩图 80　YD2-123 日产油拟合曲线

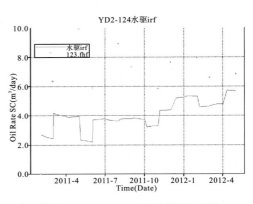

彩图 81　YD2-124 日产油拟合曲线

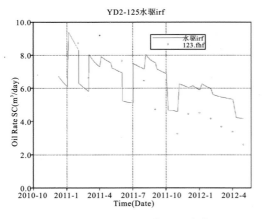

彩图 82　YD2-125 日产油拟合曲线

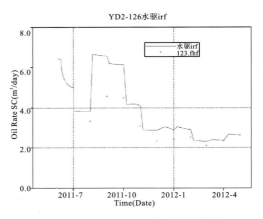

彩图 83　YD2-126 日产油拟合曲线

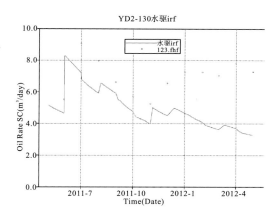

彩图 84　YD2-130 日产油拟合曲线

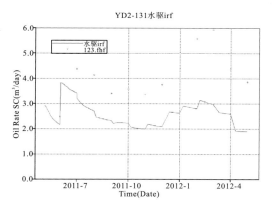

彩图 85　YD2-131 日产油拟合曲线

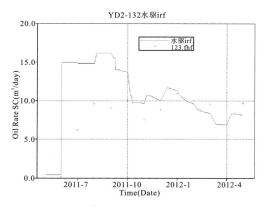

彩图 86　YD2-132 日产油拟合曲线

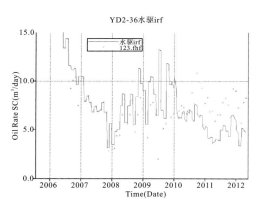

彩图 87　YD2-36 日产油拟合曲线

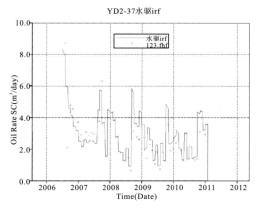

彩图 88　YD2-37 日产油拟合曲线

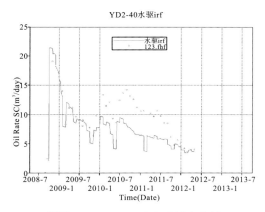

彩图 89　YD2-40 日产油拟合曲线

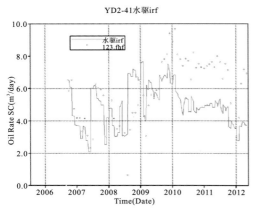

彩图 90　YD2-41 日产油拟合曲线

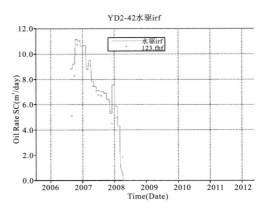

彩图 91　YD2-42 日产油拟合曲线

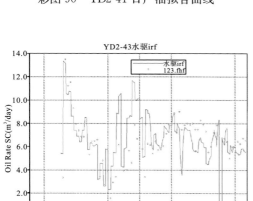

彩图 92　YD2-43 日产油拟合曲线

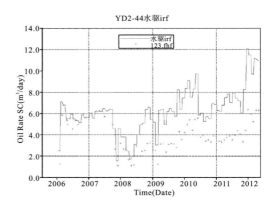

彩图 93　YD2-44 日产油拟合曲线

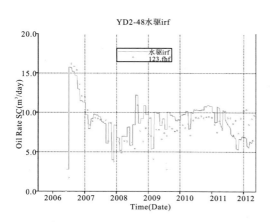

彩图 94　YD2-48 日产油拟合曲线

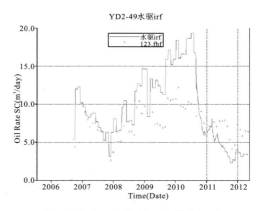

彩图 95　YD2-49 日产油拟合曲线

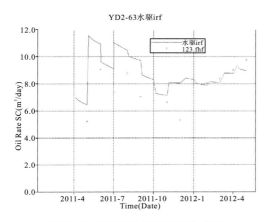

彩图 96　YD2-63 日产油拟合曲线

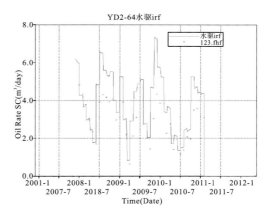

彩图 97　YD2-64 日产油拟合曲线

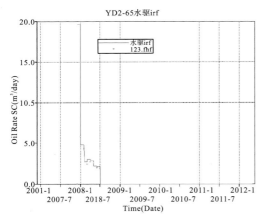

彩图 98　YD2-65 日产油拟合曲线

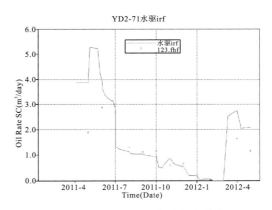

彩图 99　YD2-71 日产油拟合曲线

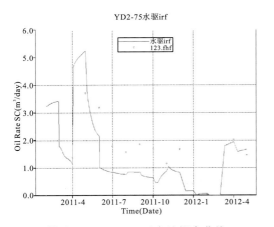

彩图 100　YD2-75 日产油拟合曲线

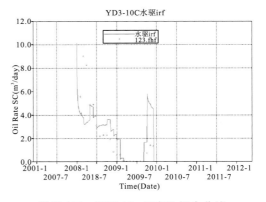

彩图 101　YD3-10c 日产油拟合曲线

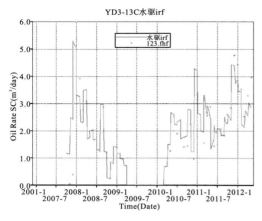

彩图 102　　YD3-13 日产油拟合曲线

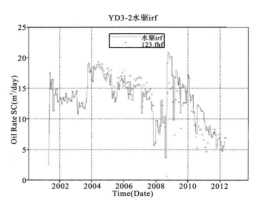

彩图 103　　YD3-2 日产油拟合曲线

彩图 104　　YD3-3 日产油拟合曲线

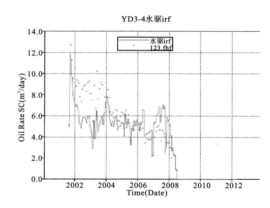

彩图 105　　YD3-4 日产油拟合曲线

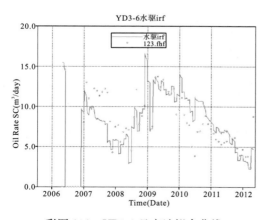

彩图 106　　YD3-6 日产油拟合曲线

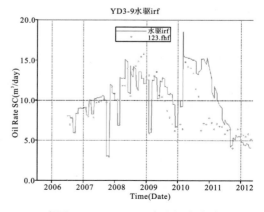

彩图 107　　YD3-9 日产油拟合曲线

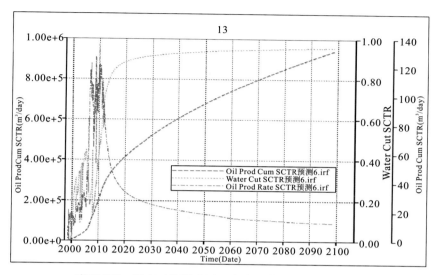

彩图 108　现有工作制度下，泡沫试验区水驱预测效果

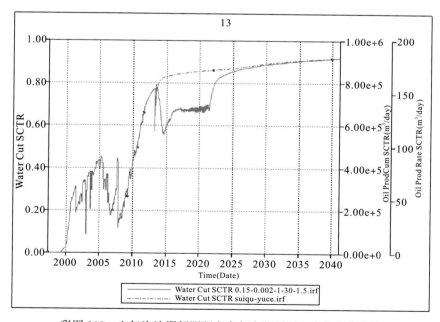

彩图 109　空气泡沫深部调驱方案与水驱预测含水率变化曲线

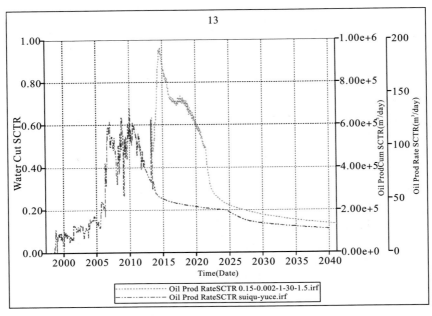

彩图 110　空气泡沫深部调驱方案与水驱预测日产油量变化曲线

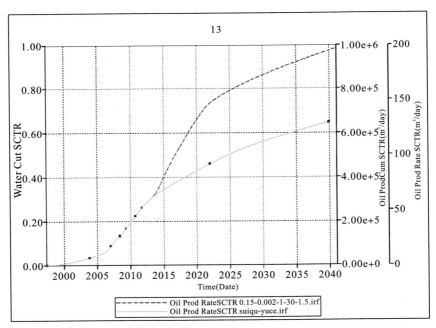

彩图 111　空气泡沫深部调驱方案与水驱预测累产油变化曲线

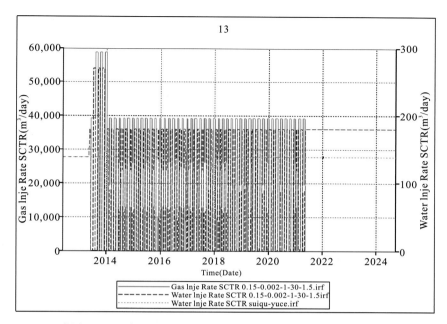

彩图 112　空气泡沫深部调驱方案与水驱预测注水注气变化曲线

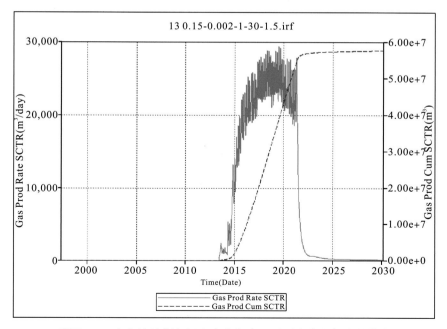

彩图 113　空气泡沫深部调驱方案与水驱预测注水注气变化曲线

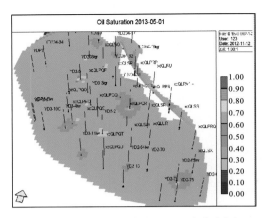

彩图 114　注泡沫前含油饱和度分布图

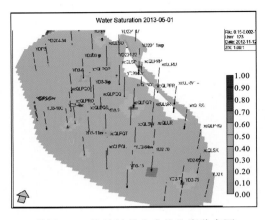

彩图 115　注泡沫前含水饱和度分布图

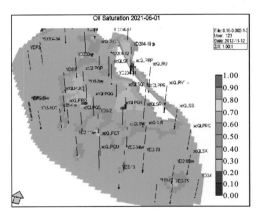

彩图 116　注泡沫后含油饱和度分布图

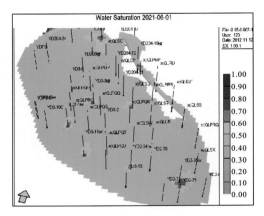

彩图 117　注泡沫后含水饱和度分布图

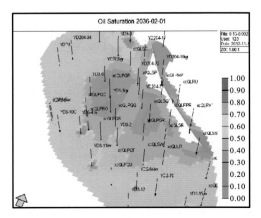

彩图 118　含水 90%时含油饱和度分布图

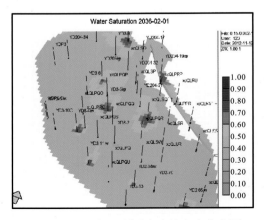

彩图 119　含水 90%时含水饱和度分布图

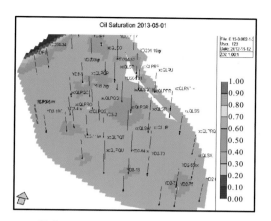

彩图 120　注泡沫前含油饱和度分布图

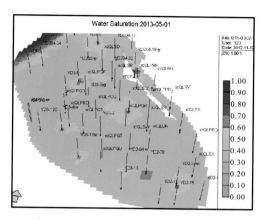

彩图 121　注泡沫前含水饱和度分布图

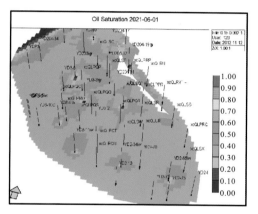

彩图 122　注泡沫后含油饱和度分布图

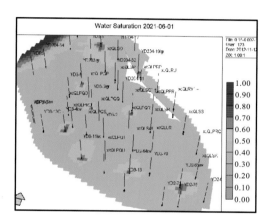

彩图 123　注泡沫后含水饱和度分布图

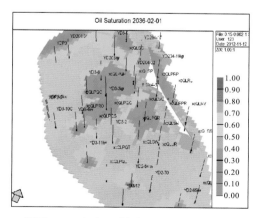

彩图 124　含水 90％时含油饱和度分布图

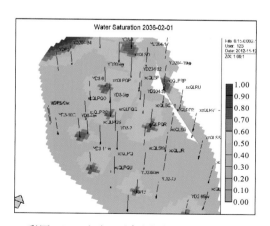

彩图 125　含水 90％时含水饱和度分布图

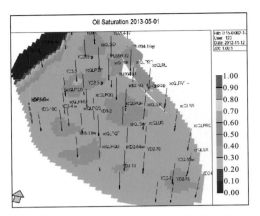

彩图 126　注泡沫前含油饱和度分布图

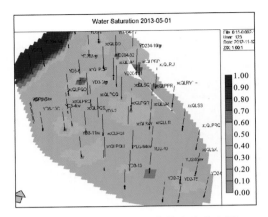

彩图 127　注泡沫前含水饱和度分布图

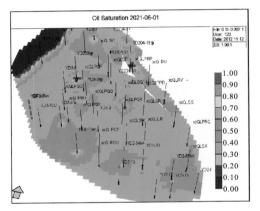

彩图 128　注泡沫后含油饱和度分布图

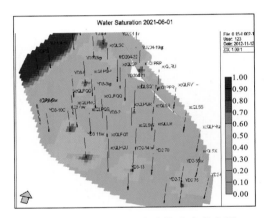

彩图 129　注泡沫后含水饱和度分布图

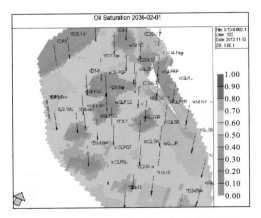

彩图 130　含水 90％时含油饱和度分布图

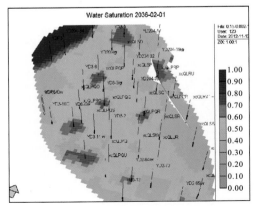

彩图 131　含水 90％时含水饱和度分布图

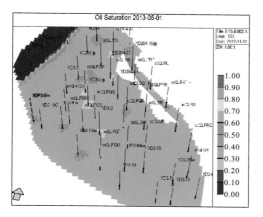

彩图 132　注泡沫前含油饱和度分布图

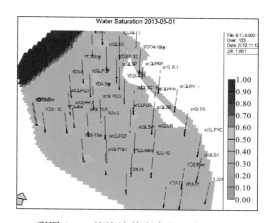

彩图 133　注泡沫前含水饱和度分布图

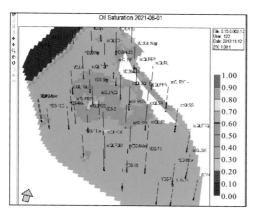

彩图 134　注泡沫后含油饱和度分布图

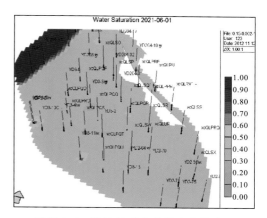

彩图 135　注泡沫后含水饱和度分布图

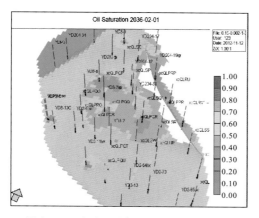

彩图 136　含水 90%时含油饱和度分布图

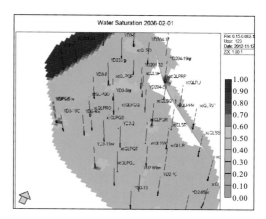

彩图 137　含水 90%时含水饱和度分布图

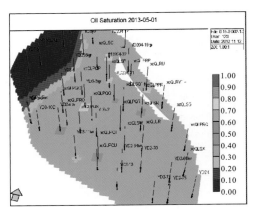

彩图 138　注泡沫前含油饱和度分布图

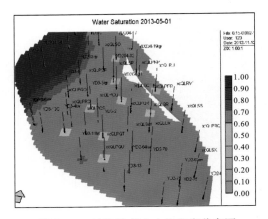

彩图 139　注泡沫前含水饱和度分布图

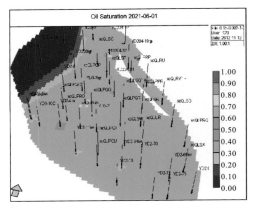

彩图 140　注泡沫后含油饱和度分布图

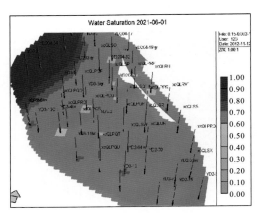

彩图 141　注泡沫后含水饱和度分布图

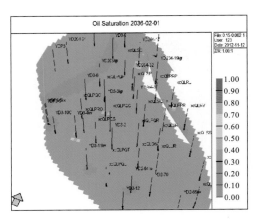

彩图 142　含水 90% 时含油饱和度分布图

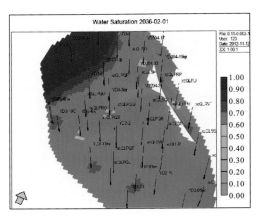

彩图 143　含水 90% 时含水饱和度分布图

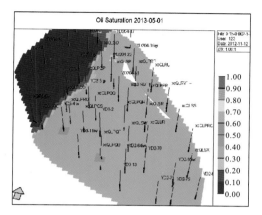

彩图 144　注泡沫前含油饱和度分布图

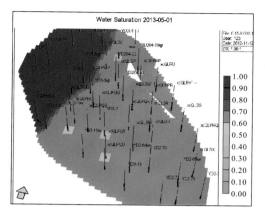

彩图 145　注泡沫前含水饱和度分布图

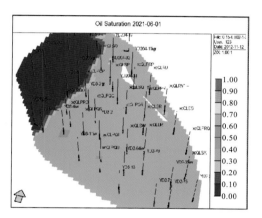

彩图 146　注泡沫前含油饱和度分布图

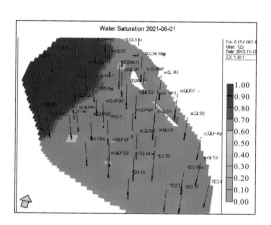

彩图 147　注泡沫前含水饱和度分布图

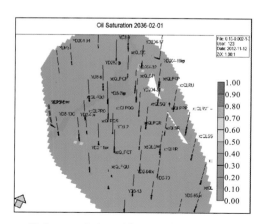

彩图 148　含水 90％时含油饱和度分布图

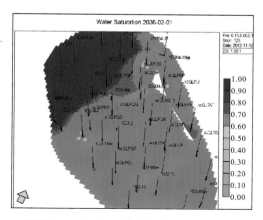

彩图 149　含水 90％时含水饱和度分布图

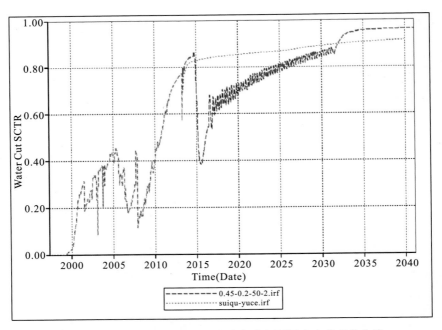

彩图 150　鲁克沁空气泡沫驱方案与水驱预测含水率变化曲线

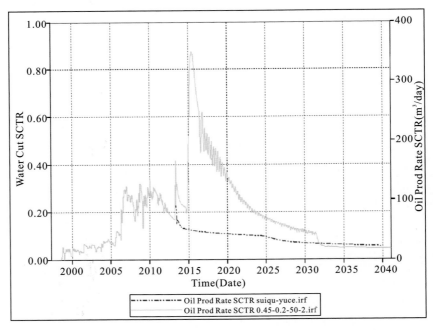

彩图 151　鲁克沁空气泡沫驱方案与水驱预测日产油变化曲线

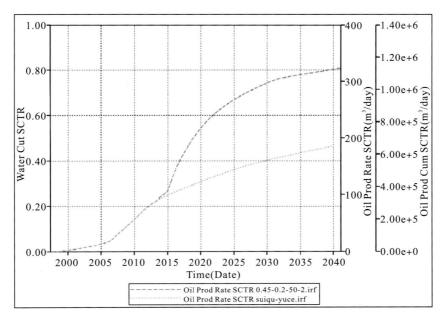

彩图 152　鲁克沁空气泡沫驱方案与水驱预测累产油变化曲线

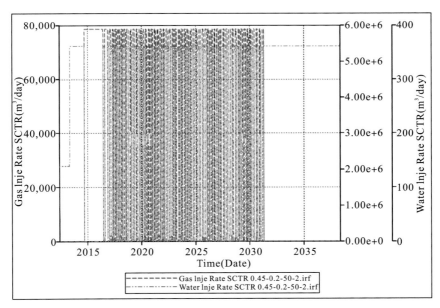

彩图 153　鲁克沁空气泡沫驱方案与水驱预测注水注气变化曲线

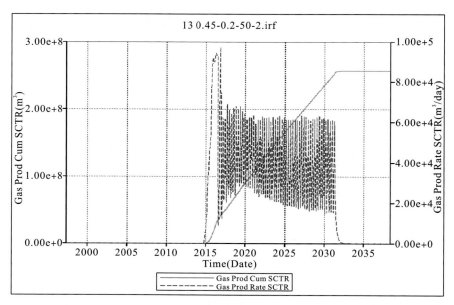

彩图 154　　鲁克沁空气泡沫驱方案与水驱预测注水注气变化曲线

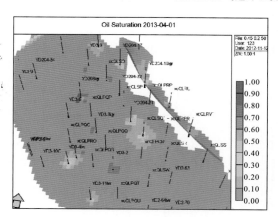

彩图 155　　注泡沫前含油饱和度分布图

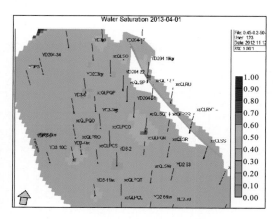

彩图 156　　注泡沫前含水饱和度分布图

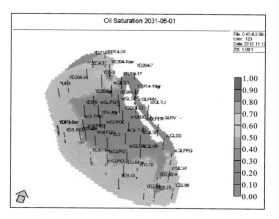

彩图 157　　注泡沫后含油饱和度分布图

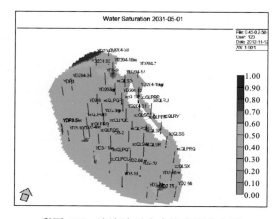

彩图 158　　注泡沫后含水饱和度分布图

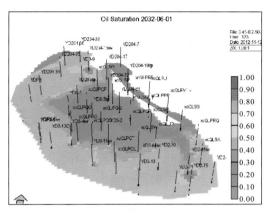

彩图 159　含水 90％时含油饱和度分布图

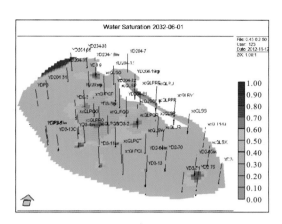

彩图 160　含水 90％时含水饱和度分布图

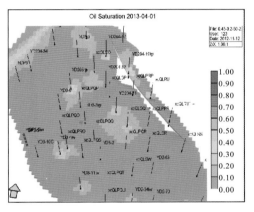

彩图 161　注泡沫前含油饱和度分布图

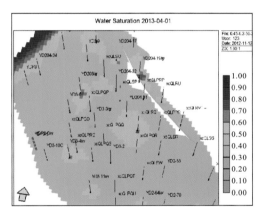

彩图 162　注泡沫前含水饱和度分布图

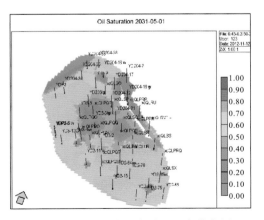

彩图 163　注泡沫后含油饱和度分布图

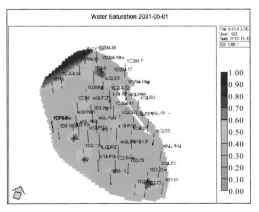

彩图 164　注泡沫后含水饱和度分布图

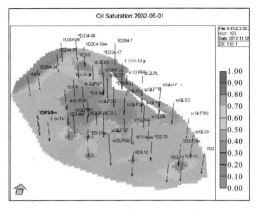

彩图 165　　含水 90％时含油饱和度分布图

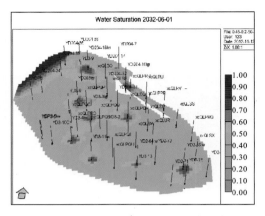

彩图 166　　含水 90％时含水饱和度分布图

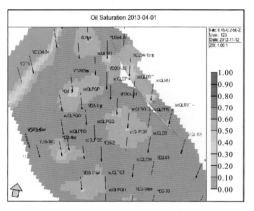

彩图 167　　注泡沫前含油饱和度分布图

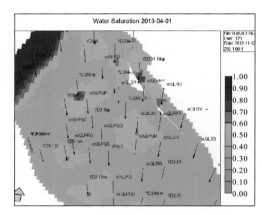

彩图 168　　注泡沫前含水饱和度分布图

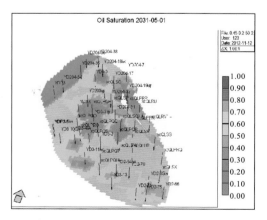

彩图 169　　注泡沫后含油饱和度分布图

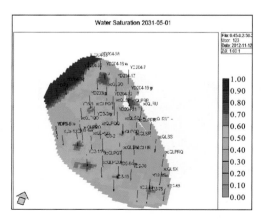

彩图 170　　注泡沫后含水饱和度分布图

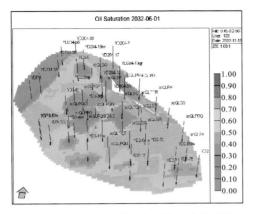

彩图 171　含水 90％时含油饱和度分布图

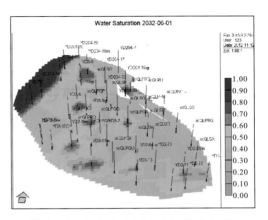

彩图 172　含水 90％时含水饱和度分布图

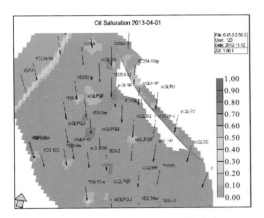

彩图 173　注泡沫前含油饱和度分布图

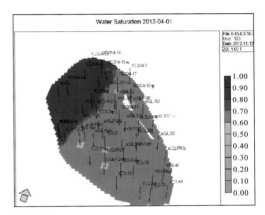

彩图 174　注泡沫前含水饱和度分布图

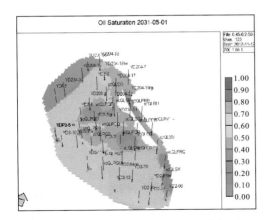

彩图 175　注泡沫后含油饱和度分布图

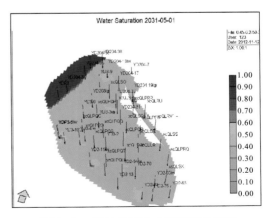

彩图 176　注泡沫后含水饱和度分布图

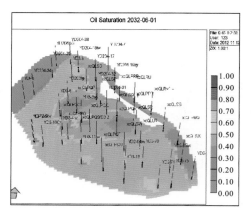

彩图 177　含水 90％时含油饱和度分布图

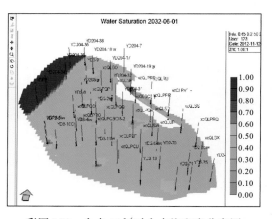

彩图 178　含水 90％时含水饱和度分布图

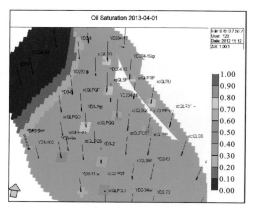

彩图 179　注泡沫前含油饱和度分布图

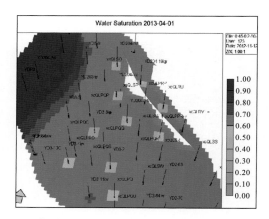

彩图 180　注泡沫前含水饱和度分布图

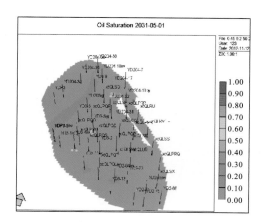

彩图 181　注泡沫后含油饱和度分布图

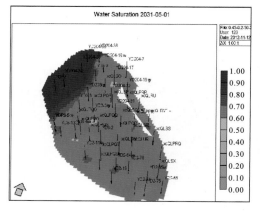

彩图 182　注泡沫后含水饱和度分布图

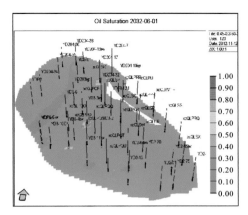

彩图 183　含水 90％时含油饱和度分布图

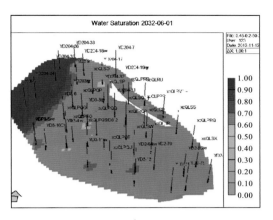

彩图 184　含水 90％时含水饱和度分布图

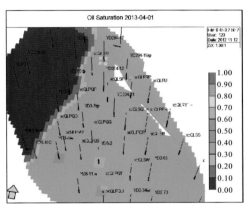

彩图 185　注泡沫前含油饱和度分布图

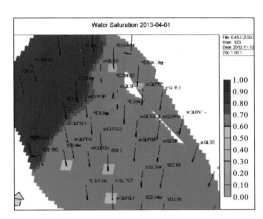

彩图 186　注泡沫前含水饱和度分布图

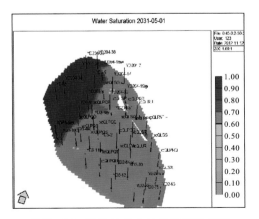

彩图 187　注泡沫前含油饱和度分布图

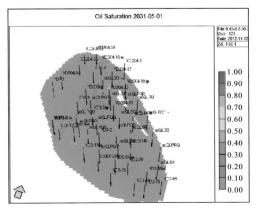

彩图 188　注泡沫前含水饱和度分布图

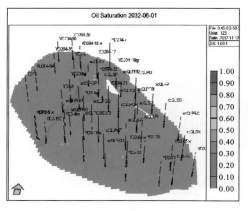 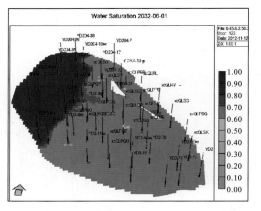

彩图 189　含水 90％时含油饱和度分布图　　　　彩图 190　含水 90％时含水饱和度分布图

索　引